Gestão integrada dos recursos hídricos em aquíferos cristalinos

V. S. Joji

Gestão integrada dos recursos hídricos em aquíferos cristalinos

Imprint

Any brand names and product names mentioned in this book are subject to trademark, brand or patent protection and are trademarks or registered trademarks of their respective holders. The use of brand names, product names, common names, trade names, product descriptions etc. even without a particular marking in this work is in no way to be construed to mean that such names may be regarded as unrestricted in respect of trademark and brand protection legislation and could thus be used by anyone.

Cover image: www.ingimage.com

This book is a translation from the original published under ISBN 978-620-2-05869-8.

Publisher:
Sciencia Scripts
is a trademark of
Dodo Books Indian Ocean Ltd. and OmniScriptum S.R.L publishing group

120 High Road, East Finchley, London, N2 9ED, United Kingdom
Str. Armeneasca 28/1, office 1, Chisinau MD-2012, Republic of Moldova, Europe
Printed at: see last page
ISBN: 978-620-7-87063-9

Dedicado a

Os meus pais (falecido o querido pai Sh. Sukumaran e a mãe Smt. K. Vasantha)

&

Membros da família: Deepa K Krishnan (esposa), Himaganga Joji (filha) e Himasankar Joji (filho)

Conteúdo

Sobre o autor

Dr. V.S. Joji, trabalha como Cientista, Central Ground Water Board, Ministério dos Recursos Hídricos, Desenvolvimento Fluvial e Rejuvenescimento do Ganges, Governo da Índia, Região de Kerala, Kesavadasapuram, Thiruvananthapuram, Kerala, Índia. Foi docente no National Ground Water Training and Research Institute, GOI, Raipur, Chhattisgarh, e trabalha também como Formador Reconhecido do curso Direct Trainer Skills (D.T.S.) do Department of Personnel and Training (DoPT), GoI e consultor da TNA. Concluiu a sua licenciatura e pós-graduação na Universidade de Kerala, Thiruvananthapuram. Realizou o seu trabalho de doutoramento na Universidade de Kerala, beneficiando de assistência financeira da University Grants Commission sob a forma de UGC-Junior Research Fellowship (UGC-JRF), Departamento de Recursos Humanos, GI. O Dr. Joji qualificou-se em muitos exames competitivos no domínio da geologia na Índia, entre os quais se contam NET, UGC-JRF, CSIR-JRF, Graduate Aptitude Test in Engineering, Geologist in Oil and Natural Gas Corporation, Geological Survey of India, Central Ground Water Board, Lecturer in Geology e muitos outros.

O Dr. Joji concluiu com êxito muitos cursos de desenvolvimento de formadores do DoPT, tais como Abordagem Sistemática da Formação (SAT), Política Nacional de Formação (NTP), Análise das Necessidades de Formação (TNA), Competências de Mentoria, Gestão da Formação (MOT), Competências Directas do Formador (DTS) e Cursos de Conceção da Formação (DOT) concebidos pela Universidade de Thames valley, Reino Unido. Tem mais de 60 publicações internacionais e nacionais de investigação, documentos técnicos e relatórios.

Prefácio

O livro, intitulado "Gestão Integrada dos Recursos Hídricos em Aquíferos Cristalinos", é útil para professores e estudantes de Geologia, Geografia e Engenharia Civil, investigadores, hidrogeólogos, planeadores e profissionais no domínio das águas subterrâneas. O livro baseia-se num estudo científico analítico, que inclui levantamentos hidrogeológicos e hidrogeomorfológicos, investigação hidrogeológica a nível micro, análise química de amostras de água e sua interpretação. As áreas potenciais de águas superficiais e sub-superficiais, as características de drenagem, o âmbito da recarga artificial, o estudo da disponibilidade de fontes alternativas de abastecimento de água, como o desenvolvimento de nascentes, os vários tipos de aspectos de gestão da água, a gestão da água com base no aspeto Delphi, foram também efectuados para apresentar um cenário holístico da gestão integrada dos recursos hídricos em aquíferos cristalinos. Os aspectos morfométricos da drenagem e a gestão das bacias hidrográficas são outros destaques do livro.

O livro é composto por sete capítulos, dos quais o primeiro trata de uma introdução geral sobre o contexto regional, vários problemas e perspectivas, elementos climáticos, fisiografia, rede de transportes, população, geologia, objectivos e metodologia.

A utilização de estudos morfométricos com especial ênfase nas sub-bacias de quarta ordem (FOSBs) foi incluída no segundo capítulo. Foram discutidos vários parâmetros morfométricos, a relação entre a densidade de drenagem e a frequência dos cursos de água; a densidade de drenagem e a precipitação nas FOSBs e a aplicabilidade das leis de Horton relativas à morfometria às FOSBs. A inter-relação entre alguns parâmetros de drenagem, zonas potenciais de água subterrânea como lineamentos e inter-FOSBs também foi examinada.

O terceiro capítulo trata dos estudos sobre as águas de superfície. As fontes importantes de águas superficiais são os rios, tanques/lagoas, lagos (remansos ou kayals) e riachos. Como a quantidade de águas superficiais depende do padrão de precipitação, é efectuado um estudo pormenorizado da precipitação e da relação entre a descarga e a precipitação, a descarga e a infiltração e o declive do terreno nesta bacia.

O estudo quantitativo e qualitativo das águas subterrâneas é abordado no capítulo quatro. Os poços, furos, nascentes, galerias de infiltração e galerias de tubos porosos são as fontes importantes de água subterrânea da área de estudo. O estudo revela que os poços de observação em FOSBs com profundidade rasa a média para o lençol freático e a flutuação é menor; a água subterrânea da área é geralmente adequada para fins domésticos e não domésticos e que a água subterrânea na área de estudo não está contaminada e o aquífero não está em risco de níveis crescentes de contaminação por poluentes químicos.

A distribuição da utilização/ocupação do solo, a forma do terreno, os tipos de solo e alguns problemas ambientais foram discutidos no quinto capítulo. As categorias importantes de uso e ocupação do solo incluem culturas mistas, coqueiros, árvores mistas, selva mista densa, arrozais, plantações de borracha e eucalipto, massas de água, selva mista aberta, teca, anjili e plantações de chá e as unidades de relevo incluem barras, praia, planície de inundação, aterro de vale, monte de laterite, cumeada linear, crista de colina, terreno suavemente inclinado (S1), terreno moderadamente inclinado (S2), terreno fortemente inclinado (S3), encosta rochosa (face de escarpa), terreno montanhoso e sistemas de remanso (Kayals).

O sexto capítulo sobre FOSBs é uma tentativa de destacar os diferentes aspectos e processos em FOSBs. O estudo revela que os poços em FOSBs com mais comprimento de curso de água de primeira e segunda ordem possuem águas pouco profundas e menos flutuação. Revelou também que o comprimento do curso de água é inversamente proporcional à profundidade do lençol freático com menos flutuação.

As actividades de gestão e conservação da água necessárias para tornar mais eficiente a gestão dos rios em aquíferos cristalinos são abordadas no sétimo capítulo. São propostas várias medidas de política de gestão da água com base num estudo Delphi.

O autor deseja expressar os seus sinceros agradecimentos ao Diretor Regional, Central Ground Water Board, Ministério dos Recursos Hídricos, Desenvolvimento Fluvial e Rejuvenescimento do Ganges, Governo da Índia, Região de Kerala e aos colegas da Central Ground Water Board, Serviço Geológico da Índia e aos simpatizantes em instituições académicas e vários departamentos de ciências da terra espalhados por diferentes estados da Índia. O autor está grato ao seu falecido pai Shri. K. Sukumaran e à sua mãe Smt. K. Vasantha, cujos esforços incansáveis permitiram ao autor obter a capacidade e a energia necessárias para escrever este livro. Estou grato aos meus irmãos S/ Shri. V.S. Reji, V.S. Prijith e à minha irmã mais nova Smt. V. S. Liji pelo seu encorajamento. Por último, e não menos importante, o autor expressa a sua gratidão sincera à sua esposa Deepa K Krishnan, à sua filha Himaganga Joji e ao seu filho Himasankar Joji por me terem inspirado a realizar esta difícil tarefa.

Dr. V S Joji
jojivsdh@yahoo.com

Capítulo 1

Introdução

A água é um dos recursos renováveis e a sua utilização tem aumentado muito nos últimos tempos. Os recursos hídricos superficiais e sub-superficiais estão distribuídos de forma desigual na natureza. A conservação e a gestão adequadas destes recursos, que se esgotam e são cíclicos, são uma necessidade urgente. Embora a água pareça ser um vasto recurso renovável, o seu futuro é perturbado pelo mesmo problema que aflige tantos recursos naturais - uma população crescente que faz exigências a um recurso natural reabastecível neste universo de oferta finita (Ferguson, 1983). A distribuição e a disponibilidade dos recursos hídricos dependem de uma série de factores, nomeadamente naturais, geológicos e antropogénicos. A identificação e a delimitação das áreas de potencial hídrico, as várias causas da sua escassez, as zonas de escassez de água potável nas bacias hidrográficas, as recomendações para aliviar a escassez de água para a geração atual e futura não são tarefas fáceis.

Relativamente ao estudo sobre a gestão integrada dos recursos hídricos em aquíferos cristalinos, **foi considerada a** bacia hidrográfica do rio Vamanapuram (VRB), no sul de Kerala, Índia. A bacia hidrográfica do rio Vamanapuram (VRB), com uma área de captação de 742,34 km^2 , situa-se entre 8° 34' 30" e 8° 49' 38" de latitudes norte, 76° 43' 47" e 77° 12' 08" de longitudes leste (Fig.1.1) e estende-se pelos distritos de Thiruvananthapuram e Kollam, no sul de Kerala. A VRB é uma macro-bacia hidrográfica, uma vez que a área de drenagem é superior a 50 000 hectares (Anon[2] , 1999). Pode ser incluída numa bacia hidrográfica menor, uma vez que a área de captação é inferior a 2000 km^2 . A bacia é limitada a norte por Kottarakara Taluk do distrito de Kollam, a leste por Ambasamudram Taluk do distrito de Tirunelvelli de Tamil Nadu, a sul por Nedumangad Taluk do distrito de Thiruvananthapuram e a oeste pelo mar de Lakshadweep (Anon[12] , 1996). A bacia abrange 31 aldeias distribuídas por 33 Grama Panchayats e 8 Block Panchayats, em dois distritos fiscais. A área está abrangida pelas folhas topográficas 58 D/10, D/13, D/14, H/1 e H/2 do Survey of India (1: 50.000). O rio Vamanapuram, com 81 km de comprimento, nasce em Chemmunji Mottai a cerca de 1717 m acima do nível médio do mar (mamsl) e desagua no lago Anjengo, perto de Chirayankil. A bacia hidrográfica é limitada a norte pela bacia do rio Kallada e a sul pela bacia do rio Karamana. O rio Ithikara corre entre as bacias dos rios Kallada e Vamanapuram. A bacia atravessa as zonas fisiográficas das terras altas, das terras médias e das terras baixas. A totalidade da bacia do rio Vamanapuram inclui duas sub-bacias de Ayroor e Mamom (Anon[1] , 1974), que são excluídas do presente estudo. Os dois principais afluentes do VRB são o Kallar, a sul, e o Chittar, a norte. Outros afluentes importantes são Pannivadai Ar, Ponmudi Ar, Manjapara Ar e Kilimanoor Ar. Quando o rio passa pela zona de Vamanapuram e Attingal, é conhecido por Vamanapuram Ar e Attingal Ar, respetivamente. O rio é conhecido como Kallar na zona da nascente e atravessa a estrada principal central em Vamanapuram e a NH-47 em Attingal. A bacia tem uma linha costeira de 10,25 kms. O rio Vamanapuram, com um comprimento de 81 km, é o rio mais longo do distrito de Thiruvananthapuram e atravessa as florestas de reserva de Palode e Vamanapuram antes de entrar na planície (Anon[12] , 1997).

Fig. 1.1: Mapa de localização da área de estudo

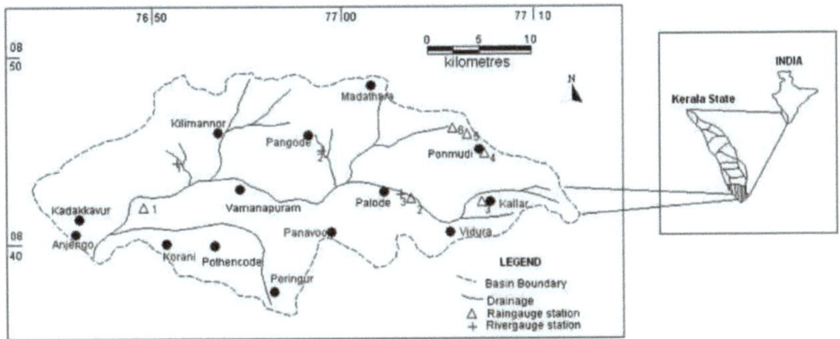

Clima

A área é caracterizada por um clima tropical húmido, de acordo com o método de eficácia da precipitação de Thornthwaite (Nagarajan, 1987 e Menon, 1998). De acordo com a classificação climática de Coppin, a VRB é classificada como savana tropical com um clima de verão sazonalmente seco e quente, AW (Anon[6], 1986), além disso, o clima da área de estudo é semelhante ao da parte sul de Kerala, ou seja, clima tropical de monção. A bacia recebe precipitação das monções SW e NE. A monção SW ocorre de junho a setembro, enquanto a monção NE ocorre de novembro a fevereiro. A precipitação mais elevada na área de estudo ocorre em Ponmudi e a mais baixa em Attingal. As estações de medição da precipitação em VRB situam-se em Attingal, Bonaccadu Estate, Marchistan Estate, Valayanki, Braemore Estate e Ponmudi (Anon[5], 1981).

A precipitação média anual da VRB é de 2200 mm. As temperaturas máximas (32° C) e mínimas (23,5° C) registam-se nos meses de março e dezembro, respetivamente. Geralmente, os meses de março e abril são os mais quentes e os meses de dezembro e janeiro são os mais frios (Nagarajan, 1987). A temperatura começa a subir a partir de janeiro e atinge o pico em março, diminuindo depois durante os meses de monção.
A humidade é geralmente elevada durante o período das monções e, ao longo de todo o ano, é mais elevada nas horas da manhã (Nagarajan, 1987). A humidade varia entre 84% e 85% às 08:30 horas e entre 70% e 76% às 17:30 horas.

Solo

Os tipos de solo mais importantes na VRB são as aluviões costeiras, que se restringem à faixa costeira, e as aluviões ribeirinhas, que se encontram nas planícies aluviais dos rios; a zona intermédia é ocupada por solos lateríticos intercalados com manchas de solos hidromórficos castanhos e de argila florestal.

Fisiografia

A VRB foi dividida em três unidades fisiográficas, nomeadamente a planície costeira a oeste e a região das terras médias e altas a leste. A planície costeira apresenta-se como uma faixa estreita de depósitos aluviais quase paralelos à costa. A elevação geral da planície ocidental é de 4 m acima do nível médio do mar (msl). A zona intermédia constitui a unidade de transição entre a costa ocidental e as terras altas orientais e é caracterizada por uma topografia acidentada formada por pequenas colinas separadas por vales profundos com uma elevação média de 45 m acima do nível médio do mar. A região intermédia apresenta um declive geral em direção à costa ocidental e a área é geralmente coberta por laterite espessa. A leste desta região, situam-se as terras altas dos Ghats Ocidentais, compostas por rochas cristalinas e com altitudes que variam entre 76 m e 1717 m acima do nível do mar. A VRB tem a elevação mais elevada de 1717 m acima do nível do mar em Chemmunji Mottai, no lado oriental. A VRB desce em direção a oeste e atinge quase o nível do mar a oeste de Anjego. A maior parte das florestas reservadas da VRB situa-se na região das terras altas.

Geologia

A maior parte da VRB está coberta por rochas cristalinas de idade arqueana que fazem parte do escudo peninsular, incluindo o Grupo Khondalite, o Grupo Charnockite e o Grupo Migmatite, seguidos por intrusões básicas e cobertos por formações sedimentares do Miocénico ao Recente. O cenário geológico regional da área está compilado (Tabela 1.1).

Table 1.1: Regional geological setting

Formation	Lithology	Era	Period	Epoch
Beach Sand	Sand	Cenozoic	Quaternary	Holocene
Guruvayoor	Palaeo-beach deposits	Cenozoic	Quaternary	Upper Pleistocene
Laterite and Pebble bed	Laterite / Pebble bed	Cenozoic	Quaternary	Pleistocene
Warkallai bed	Sandstone And clay	Cenozoic	Tertiary	Miocene-Pliocene (Neogene)
Basic Intrusive	Dolerite, Gabbro	Meso-Cenozoic	Upper Cretaceous-Tertiary	Upper Cretaceous-Palaeogene
Migmatite Group	Garnet–biotite gneiss with migmatite Gneiss and Leptynite. / Quarts-feldspathic gneiss	Achaeans		
Charnockites Group	Charnockites / Pyroxene-granulite	Archaeans		
Khondalites Group	Khondalite / Quartzite / Calc- granulite	Archaeans		

(Modified after Anon,[3] 2001)

O grupo de rochas Charnockites representa um grupo de rochas geneticamente relacionadas com Charnockites e entre si, variando de Charnockites siliciosos a piroxenitos ultramáficos (Holland, 1900). Os Charnockites incipientes são geralmente de grão grosseiro e ocorrem como manchas e veios com cor verde gordurosa e consistem em granada, biotite, feldspato K, plagioclase, quartzo, grafite e ortopiroxénios. Holland (1900) classificou as Charnockites em quatro tipos - Charnockites ácidas (densidade = 2,67 e % de sílica = cerca de 75), Charnockites intermédias (densidade = 2,77 e % de sílica ~ 54), Charnockites básicas (densidade = 3,3) e Charnockites ultrabásicas (densidade = 3,37 e % de sílica 47,5). Charnockites em formação (Prograde charnockitisation / progressive charnockitisation) refere-se à transformação do gnaisse em Charnockites (Pichamuthu, 1960). Em VRB, a charnockitização prograda é registada em Ponmudi (Ravindrakumar et al, 1990). A charnockitização retrógrada (Charnockites in the breaking) refere-se ao processo de conversão da rocha Charnockites em gnaisse retrógrado que ocorre através do influxo de uma fase rica em água (Ravindra Kumar, 1986). A conversão metassomática de gnaisse em Charnockites foi demonstrada pela primeira vez por Pichamuthu (1960, 61). A área de estudo é caracterizada pela ocorrência de Charnockites em vários locais como Kizhaikonam, Pulimath, Kottukunnu e Karette. Existem 3 tipos de Charnockites registados no sul de Kerala e estão relacionados com diques de pegmatite, magma leucocrático e intrusão de granito rosa (Ravindra Kumar, et al 1986).

Em Kottukunnu, a chanockite é maciça e, em Kizhaikonam, bandas quartzo-feldspáticas e fracturas conchoidais atravessam as exposições. Em Karette, pode observar-se uma intercalação quartzo-feldspática que aponta para as fases finais da chanockitização progressiva. Em Pulimath, pode observar-se um contacto na face da pedreira entre Charnockites e gnaisse. As charnockites encontram-se como bandas (com cerca de 5-7 m de espessura) em alternância com o gnaisse, quando se deslocam para norte de Pulimath para Kilimanoor, manchas de charnockites, que indicam claramente fases tardias de charnockitisation progressiva.

O critério para distinguir a relação prograda e retrógrada entre Charnockites e gnaisse é a paragénese dos minerais na rocha, por exemplo, a conversão prograda de anfibólio em othopyroxene e clinopyroxene por anfibólio e biotite em Bhavani Sagar (Janardhan, et al, 1982). A retrogradação é acompanhada de lixiviação das rochas, presumivelmente por destruição da placa de clorite que dá uma cor esverdeada às Charnockites de alto grau. Pichamuthu (1960, 61) mostrou pela primeira vez a conversão metassomática de gnaisse em Charnockites. A zona de transição de gnaisse para Charnockites foi registada em duas áreas - uma na pedreira de Kabbal Durga (Pichamuthu, 1960, Janardhan, et al 1979) e a outra área é Krishnagiri-Dharmapuri, a leste do Granito Closepet (Granito Bellary) e a sul da Cintura de Xisto de Kolar. Foi descoberta e estudada uma transição semelhante na área de estudo, especialmente em Ponmudi (Charnockites in the making). Os estudos revelam que a charnockitização progressiva é comum em Vamanapuram e arredores.

As suites de rochas Charnockites na área são piroxeno-granulite e Charnockites. As Charnockites maciças são observadas principalmente em torno de Kizhaikonam e Kilimanoor. Os Charnockites são de composição ácida a intermédia. Os migmatitos são observados no interior dos khondalitos e as formações arqueanas são intrudidas por dolerite e gabro intrusivos, bem como veios finos de pegmatitos e quartzo. Os diques de dolerite encontram-se na parte central da bacia, perto de Venjaramoodu. Os diques de gabro encontram-se perto de Vamanapuram. A parte sul da área, especialmente em Venjaramoodu e arredores, é caracterizada por veios de pegmatitos com ocorrência de crisoberilo e estes pegmatitos com gemas são reconhecidos como sendo de idade pan-africana (Ajith Kumar et al, 1995). De acordo com Ajith Kumar et al, 1995, a região de Venjaramoodu insere-se na zona central de pegmatitos do sul de Kerala, que se estende de Venjaramoodu a Nedumangad e Vellanad. O pegmatite de Mudakkal situa-se na aldeia de Mudakkal, com as coordenadas geográficas de 8^0 40' de latitude e 76^0 50' de longitude. O crisoberilo é mineralogicamente aluminato de berílio (BeO.Al2O3) e existem três variedades - crisoberilo ordinário, caracterizado pela cor de folha de bambu com chatoyancy; alexandrita, com metamerismo, e olho de gato, com cor amarelo mel e chatoyancy. Os leitos do Miocénico estão sobrepostos aos Arqueanos.

Fig. 1.2: Mapa geológico da zona de estudo

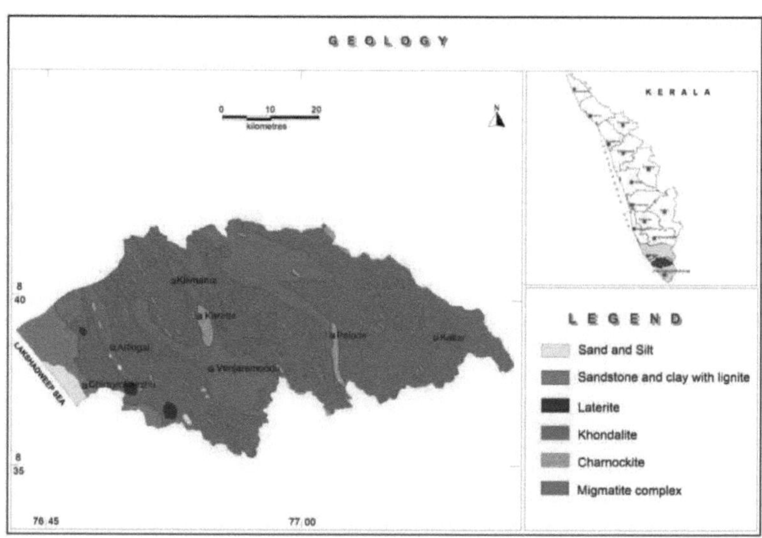

Rochas arqueanas do conjunto de rochas de khondalite, constituídas por calcário-granulito, quartzito e khondalito. O khondalite é a rocha mais predominante entre as rochas cristalinas da região e é mineralogicamente um gnaisse de sillimanite garnetifero com ou sem grafite como acessório, com bandas ocasionais de calcgranulite e quartzito. O grupo inclui rochas como xistos de granada-sillimanite-biotite-grafite, gnaisses de granada-biotite-grafite, granulitos de calcário, quartzitos e charnockites platinas e a ocorrência registada de charnockite incipiente nas rochas do Grupo Khondalite é muito recente (Ravindrakumar et al 1990). O grupo de rochas Khondalite em Kerala é conhecido como Kerala Khondalite Belt (KKB) e é um dos maiores terrenos supracrustais de fácies granulítica no sul da Índia.

As formações do Miocénico Superior, Pleistocénico e Recente representam o Terciário. O Miocénico (Miocénico-Pliocénico/Neogénico) é representado pelos leitos de Warkalai, constituídos por arenitos e argilas de leito corrente, inconformavelmente sobrepostos às formações Arqueanas. Os Miocénios são sobrepostos por Pleistocénios representados por laterites in situ e são produtos da meteorização e lateralização da rocha existente. As lateritas desenvolvem-se em clima tropical e subtropical de monção com condições alternadas de humidade e secagem. A espessura da lateralização diminui de oeste para leste da VRB. Os depósitos paleo-paisagísticos da área são conhecidos como formação Guruvayoor (Anon[8], 2001) e representam o Pleistoceno superior. As formações recentes são representadas por aluviões costeiros, aluviões fluviais e depósitos de enchimento de vales. O Pleistoceno está subjacente a estas formações. O desenvolvimento de águas subterrâneas nas laterites intemperizadas é elevado no terreno médio e efectua-se principalmente através de poços escavados a céu aberto.

A secção-tipo da formação de arenito Warkallai descrita por King (1882) é proveniente da falésia marítima de Varkala, no distrito de Thiruvananthapuram. Trata-se de leitos planos com declives suaves em direção à costa e considerados mais jovens do que a formação Quilon, sobrepondo-se a esta última (King, 1882). Na zona-tipo, Varkala e Vettoor, esta formação é representada por uma secção de 28-30 m de espessura de areias não consolidadas de cores variadas, argilas plásticas brancas, argilas aluminosas e argilas arenosas carbonatadas com veios de lenhite. As argilas carbonatadas e os filões de lenhite estão frequentemente impregnados de nódulos e paus de marcassite, provavelmente formados por substituição de matérias orgânicas da lenhite. A sucessão estratigráfica da formação Warkallai está compilada (Quadro 1.2). A formação Warkallai é equivalente à formação Cuddalore ao longo da costa de Coromandal e pertence ao Miocénico

Médio (King 1882).

Quadro 1.2: A sucessão estratigráfica da formação Warkallai

Stratigraphic unit	Thickness, m
Laterite with sandstone masses	18
Sand and sandy clays	23
Alum clays	14
Lignite beds	5

(King, 1882)

Bacia hidrográfica

Uma bacia hidrográfica (bacia de drenagem ou bacia de captação) é a área drenada por um rio e seus afluentes. O limite de uma bacia é definido pela divisão de drenagem e a área dentro da divisão é referida como área de drenagem / área de captação. O limite da bacia hidrográfica não segue, normalmente, os limites políticos (administrativos). As fronteiras das bacias seguem sempre as divisões de drenagem, mas as fronteiras administrativas seguem muitos factores - religião, estrutura administrativa, etc.

A quantidade de água que chega a um curso de água depende do tamanho da bacia, da precipitação total e das perdas devidas à evaporação, à absorção pelos solos e à vegetação (Fairbridge, 1968). Martonne (1950) classificou as bacias de drenagem em quatro categorias - bacia exorréica ou exorréica que deságua diretamente no oceano e é "normal"; endorréica - a drenagem é interna e não tem saída para o mar, desaguando nos lagos ou dissipando-se nas areias do deserto. Os terrenos de morenas glaciares (Kettle holes) e os terrenos cársicos (buracos pouco profundos) são por vezes marcados pelo endorreismo, mas trata-se de uma caraterística de pequena escala; arsénico - sem bacia de drenagem evidente, isto é, como em alguns desertos arenosos, onde a precipitação é negligenciável e a intensidade da atividade dunar obscurece totalmente os padrões de precipitação e de drenagem periódicos ou anteriores, bem como as regiões de tundra; cripto-heico - a bacia de drenagem está escondida, isto é, subterrânea. Note-se que o VRB é um endorreico.

Problemas no VRB

Os vários problemas no VRB podem incluir.
a) A extração de areia dos leitos dos rios da VRB resultou na rutura das margens dos rios e na diminuição do nível das águas subterrâneas, na destruição de terras agrícolas com casas de bombas, no aumento dos custos de aprofundamento dos poços e em inundações seguidas de rutura das margens dos rios. Além disso, o esgotamento da areia é um fenómeno comum nos locais de extração. As principais zonas de extração de areia são Ayilam, Aruvipuram Chettachal, Cheppilode, Kollampuzha e Vavupura.
b) Zonas como Vellalloor, Pullampara, Pangode, Peringamala, Kallar e Ponmudi registam deslizamentos de terras, especialmente durante o período das monções.
c) O aumento das actividades antropogénicas é responsável pela alteração do coberto florestal (desflorestação) e resultou no aumento da erosão do solo.
d) A extração de argila ao longo da margem do rio para o fabrico de tijolos provoca a rutura das margens do rio. As valas feitas para a escavação de argila podem drenar para poços próximos e levar ao declínio do lençol freático, o que afectará o cultivo de culturas.
e) A mudança nas práticas agrícolas é um dos fenómenos observados em VRB. A maior parte das planícies aluviais do rio, outrora cultivadas com arroz, estão agora sob a ameaça de recuperação. Vastas áreas de arrozais foram recuperadas e são ocupadas por culturas mistas, coqueiros e árvores.
f) As inundações periódicas no VRB devem-se principalmente ao aumento da desflorestação.
g) Algumas áreas de terras agrícolas foram convertidas para desenvolvimento urbano.
h) O estado de erosão da VRB é moderado a grave (Anon[9] , 1996).
i) O cultivo da tapioca ao longo da encosta acelera a erosão do solo.
j) A extração ilegal de pedras preciosas como o crisoberilo vulgar, a Alexanderite e o olho de gato está a

decorrer ao longo dos leitos dos cursos de água em zonas como Bonaccadu Estate, Braemore Estate, Mudakkal, Pirappancode, Venjaramoodu e Vembayam.

k) O estado de desenvolvimento das águas subterrâneas é superior a 45% no bloco de Chirayinkil (Anon[9], 1996), enquanto noutros blocos o estado de desenvolvimento das águas subterrâneas é muito fraco.

l) A   baixa disponibilidade de água doce per capita em VRB deve-se ao facto de (a) a bacia hidrográfica das terras altas se situar perto do mar e o escoamento atingir o mar rapidamente, (b) a maior parte do escoamento superficial ser naturalmente desperdiçado e (c) o máximo de precipitação ocorrer durante a monção e concentrar-se durante 6-7 dias (Joji, 2000).

Capítulo 2

Características da drenagem e gestão da bacia hidrográfica

As formas de relevo fluviais são produzidas pela erosão e deposição de cursos de água que estão ligados em redes (Strahler e Strahler, 2009). As características dos rios são razoavelmente compreendidas através da análise morfométrica da bacia hidrográfica. O estudo morfométrico é o estudo da geometria do relevo. Os estudos morfométricos incluem os estudos sobre a ordem dos cursos de água, o número de cursos de água, o comprimento da força, o comprimento médio dos cursos de água, o padrão de drenagem, a textura da drenagem, a densidade da drenagem, a frequência dos cursos de água, a relação do comprimento dos cursos de água, a relação do relevo, a relação de alongamento, a relação de bifurcação, o fator de forma, a relação de circularidade e o índice de sinuosidade, etc. As FOSB foram seleccionadas para a análise pormenorizada, uma vez que as FOSB predominam em número sobre outras sub-bacias de ordem superior e que a maior parte da gestão das bacias hidrográficas se baseia nos cursos de água Hortonianos de primeira a quarta ordem. A técnica GIS (ILWIS 2.1) foi utilizada para a preparação de mapas e outras análises estatísticas.

Foram utilizadas cartas topográficas de escala 1:50.000 (SOI, 1968) para a preparação do mapa de base e do mapa de drenagem (Fig. 2.1). Antes da análise, o mapa foi projetado em [WGS 84] [EPSG: 4326], digitalizado, editado e anotado pelas técnicas do Map Info 6.5. A digitalização dos mapas de base foi efectuada utilizando o Digitizer Drawing Board III (Calcomp). Os mapas digitalizados foram editados. Durante a edição foram feitas verificações de segmentos como intersecção, auto-sobreposição e correção de becos sem saída. A projeção e a poligonização das unidades seguiram-se à edição. Após a poligonização, foram feitas anotações para os diferentes polígonos e os mapas ficaram prontos para análise. A área, o perímetro, o comprimento do caudal dos cursos de água e o comprimento dos cursos de água de ordem Hortoniana foram determinados com recurso às técnicas do Map Info 6.5. Os tratamentos estatísticos foram efectuados utilizando o SPSS 16.0 para WINDOWS e o Map Info 6.5. Para a elaboração do mapa de lineamentos foram utilizadas imagens geocodificadas do IRS-IC LISS III FCCs (1997) à escala 1:50.000, fotografias aéreas (de 1990) à escala 1:15.000, toposheets 58 D/10, D/13, D/14, H/1 e H/2 do Survey of India (SOI) de 1968 à escala 1:50.000. A metodologia adoptada para o cálculo de vários parâmetros de drenagem está compilada (Tabela 2.3).

Fig.2.1: Mapa de drenagem da bacia hidrográfica do rio Vamanapuram

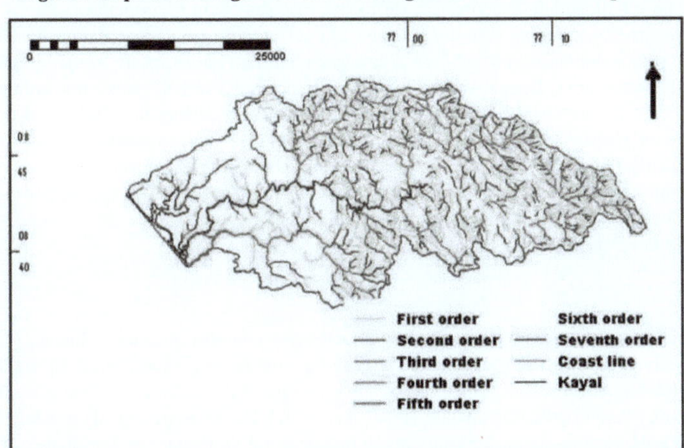

Fig.2.2: Sub-bacias de quarta ordem da bacia hidrográfica do rio Vamanapuram

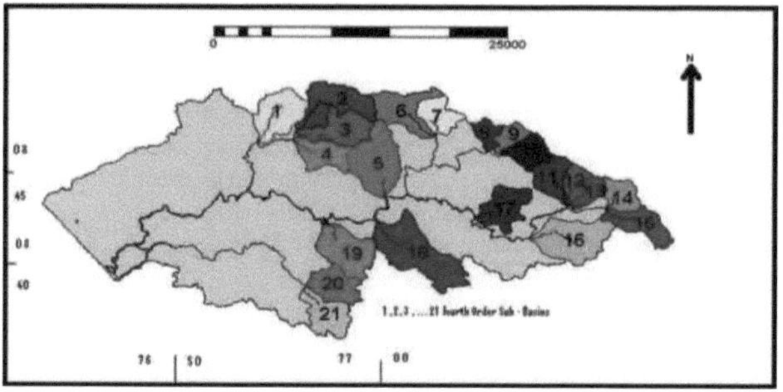

Os diferentes parâmetros morfométricos incluem

Bacia de drenagem, divisão de drenagem e padrão de drenagem

Toda a área de uma bacia hidrográfica cujo escoamento é drenado para a bacia hidrográfica é considerada como uma unidade hidrológica e é designada por bacia de drenagem (Pradeep Kumar, 1999). A linha de fronteira ao longo de uma crista topográfica que separa duas bacias de drenagem adjacentes é designada por divisão de drenagem (Upendran, 1999). O VRB possui uma bacia hidrográfica de forma alongada, o que aumenta a intensidade das cheias na saída (lago Anjengo). A maior intensidade das cheias deve-se ao comprimento comparável dos afluentes e o escoamento atinge quase simultaneamente a saída.

O padrão de drenagem ou arranjo de drenagem refere-se ao plano ou desenho que os cursos de água individuais formam coletivamente e é influenciado por factores como o declive inicial, desigualdades na dureza das rochas, controlo estrutural, história geológica e geomórfica recente da bacia de drenagem (Leopold et al, 1964). A VRB possui um padrão dendrítico, caracterizado pela ramificação irregular dos afluentes em várias direcções e indica falta de controlo estrutural, mas, por outro lado, é controlada pela litologia. As áreas como Kizhaikonam e Kilimanoor, a ocorrência de rochas maciças como Charnockites, corpos intrusivos de gabro em Karette e arredores, rochas complexamente metamorfoseadas em Kottukonam e Alanthara, áreas de Venjaramoodu, terrenos dobrados com eixo de dobra estendido na vizinhança de Venjaramoodu através de Vamanapuram e Kilimanoor até Ponganad e a ocorrência de rochas quase acamadas como arenito e argila que ocorrem na área ocidental (pertence à formação Warkalli) com o padrão dendrítico. Indica a ocorrência de um padrão em áreas de rochas ígneas maciças, em rochas dobradas ou complexamente metamorfoseadas, particularmente quando lhes é imposto por sobreposição (Thornbury, 1954). O principal tipo de rocha do VRB é o Khondalites, que exerce uma resistência uniforme, resultando no desenvolvimento de padrões dendríticos (controlo litológico). Os padrões dendríticos reflectem o carácter homogéneo da litologia subsuperficial (Srinivasan e Subramanian, 1999)

Ordem de fluxo

Os cursos de água de primeira ordem são aqueles que não têm qualquer afluente. Os canais mais pequenos reconhecíveis (riachos) são designados de primeira ordem e estes canais fluem normalmente durante o tempo húmido (Chow et al, 1988). O segmento de curso de água mais pequeno e não ramificado é designado por curso de água de primeira ordem (Gopalakrishnan et al, 1997). Um curso de água de segunda ordem forma-se quando dois cursos de água de primeira ordem se juntam e um de terceira ordem quando dois cursos de água de segunda ordem se juntam e assim por diante (Strahler, 1964). Quando um canal de ordem inferior se junta a um canal de ordem superior, o canal a jusante retém a ordem mais elevada dos dois e a ordem da bacia hidrográfica é a ordem do curso de água que drena a sua saída, a ordem mais elevada do curso de água na bacia (Chow et al, 1988). Note-se que o rio Vamanapuram é um curso de água Hortoniano de sétima ordem e que

14

os cursos de água de sexta e sétima ordens são perenes e todos os outros são efémeros. Os cursos de água de primeira ordem (1489 números) só podem ser identificados durante o período das monções. A ordenação dos cursos de água dá pistas sobre a descarga de uma rede.

Número do fluxo

O número total de segmentos de cursos de água por ordem é conhecido como o número de cursos de água. Os números de cursos de água em diferentes ordens são compilados (Quadro 2.1).

Quadro 2.1: Número de cursos de água em diferentes ordens de cursos de água

Category	No. of stream segments
1st order	1489
2nd order	347
3rd order	79
4th order	21
5th order	6
6th order	2
7th order	1

De acordo com o Quadro 2.1, o número de segmentos de cursos de água diminui com o aumento da ordem dos cursos de água e cumpre a lei do número de cursos de água, que afirma que o número de segmentos de cada ordem forma uma sequência geométrica inversa com o número de ordem (Horton, 1945). O número de polígonos, o perímetro e a área de 21 FOSBs e a parte restante (22nd polígono - área excluindo FOSBs) foram determinados pela opção "Histograma" no ILWIS 2.1 e categorizados em diferentes tipos de bacias hidrográficas (Tabela 2.2). A classificação das bacias hidrográficas segundo Anon[2], 1999, é apresentada no capítulo 6. A metodologia para o cálculo dos parâmetros de drenagem foi compilada (Quadro 2.3). O mapa das diferentes FOSBs é preparado (Fig. 2.2) e os parâmetros de drenagem das FOSBs de VRB são tabulados (Tabela 2.4). A diminuição do número de segmentos de cursos de água deve-se ao facto de, quando um canal de ordem inferior se junta a um canal de ordem superior, o canal a jusante manter a ordem superior dos dois (Chow et al, 1988).

Tabela 2.2: Perímetro e extensão de área das FOSBs em VRB

FOSB	No. of polygons	Perimeter, km	Area, km^2	Watershed
Sub-Basin 1	1	17. 1591	15. 8616	Milli Watershed
Sub-Basin 2	1	24. 2558	17. 8528	Milli Watershed
Sub-Basin 3	1	20. 1065	13. 9305	Milli Watershed
Sub-Basin 4	1	16. 2079	10. 6043	Milli Watershed
Sub-Basin 5	1	19. 8342	21. 6251	Milli Watershed
Sub-Basin 6	1	22. 6599	14. 6070	Milli Watershed
Sub-Basin 7	1	13. 6702	9. 2686	Micro Watershed
Sub-Basin 8	1	10. 4067	4. 7368	Micro Watershed
Sub-Basin 9	1	10. 6743	4. 9281	Micro Watershed
Sub-Basin 10	1	12. 4668	8. 8514	Micro Watershed
Sub-Basin 11	1	14. 7385	9. 3868	Micro Watershed
Sub-Basin 12	1	10. 6772	5. 8484	Micro Watershed
Sub-Basin 13	1	10. 0570	4. 8020	Micro Watershed
Sub-Basin 14	1	12.549	7. 6886	Micro Watershed
Sub-Basin 15	1	18. 2386	12. 0798	Milli Watershed
Sub-Basin 16	1	21. 1066	21. 3111	Milli Watershed
Sub-Basin 17	1	17. 3068	13. 1459	Milli Watershed
Sub-Basin 18	1	29. 4930	28. 3390	Milli Watershed
Sub-Basin 19	1	18. 4706	17. 3424	Milli Watershed
Sub-Basin 20	1	15. 8140	11. 9213	Milli Watershed
Sub- Basin 21	1	18. 4427	12. 3089	Milli Watershed
Polygon 22	1	19. 4383	475. 8934	Sub Watershed

※Polygon 22 = Total area of VRB − Total area of 21 FOSBs

Quadro 2.3: Metodologia adoptada para o cálculo dos parâmetros morfométricos

Aspects	Mophometric Parameters	Formula	Reference
Linear Aspect	Stream Order	Hierarchical rank	Strahler (1964)
	Stream Length (L)	Length of the Stream	Horton (1945)
	Mean Stream Length (Lu)	Lu = ∑L / Nu, where ∑L is the total length of the stream of particular order and Nu number of stream segment of that order	Strahler (1964)
	Stream length ratio R_L	R_L = L u / Lu-1, where Lu is the mean stream length of order u and Lu-1 is the mean stream length of next lower order.	Horton (1945)
	Bifurcation ratio (Rb)	Rb = Nu / Nu+1, where Nu is the number of segments in an order u and Nu+1 is the number of segments in the next higher order.	Horton, 1945
Aerial Aspect	Drainage density (D)	D_d = ∑L /A, where ∑L-total length of the streams and A-area of drainage basin.	Horton (1932)
	Stream frequency (D_f)	D_f = ∑N/A, where N is the number of stream segments and A drainage area.	Horton (1932)
Relief Aspect	Relief ratio (Rh)	R_h =H / L_b, where H is the total relief and L_b basin length	Schumm (1956)
Aerial Aspect	Form Factor (R_f)	R_f = A / Lb^2, where A is drainage area and Lb length of river basin	Horton (1932)
	Circularity Ratio (Rc)	Rc = 4 * Pi * A / P² where, Rc = Circularity Ratio Pi = 3.14; A = Area of the Basin (km2) P² = Square of the Perimeter (Km)	Miller (1953)
	Elongation Ratio (Re)	Re = 2 * Sqrt (A / Pi) / Lb Where, Re = Elongation Ratio A = Area of the Basin (km2) Pi = 3.14; Lb = Basin length	Schumn (1956)

Quadro 2.4: Parâmetros de drenagem das sub-bacias de quarta ordem de VRB

FOSB	Stream order	Stream Number	Stream Length, km	Mean length, km	Length ratio, Order	Bifurcation ratio Rb	No. Of streams involved in Rb	Product of Rb & no of streams	Drainage density, km/km²	Drainage frequency (No/ km²)
1	1	54	22	0.41						
					3.83	3.86	68	262.28		
	2	14	5.75	0.41						
					0.96	4.67	17	79.39	2.40	4.54
	3	3	6.00	2.00						
					1.41	3.00	4	12.00		
	4	1	4.25	4.25						
2	1	62	24.25	0.39						
					2.69	5.63	73	410.99		
	2	11	9.00	0.82						
					4.50	5.50	13	71.50	2.23	4.26
	3	2	2	1.00						
					0.44	2.00	3	6.00		
	4	1	4.5	4.50						
3	1	56	23	0.41						
					2.88	4.67	68	317.56		
	2	12	8	0.67						
					4.00	4.00	15	60.00	2.51	5.17
	3	3	2	0.67						
					1.00	3.00	4	12.00		
	4	1	2	2.00						

4	1	33	16.5	0.50						
	2	9	6	0.67	2.75	3.67	42	154.14		
	3	3	2	0.67	3.00	3.00	12	36.00	2.40	4.33
	4	1	1.5	1.50	1.33	3.00	4	12.00		
5	1	58	20.5	0.35						
	2	11	6.00	0.55	3.42	5.27	69	363.63		
	3	3	4.50	1.50	1.33	3.67	14	51.38	1.73	3.38
	4	1	6.50	6.50	0.69	3.00	4	12.00		
6	1	43	16.3	0.38						
	2	9	7.50	0.83	2.17	4.78	52	248.56		
	3	2	6.00	3.00	1.25	4.5	11	49.50	2.26	3.73
	4	1	3.50	3.50	1.71	2.00	3	6.00		
7	1	36	13.50	0.38						
	2	10	7.50	0.75	1.80	3.60	46	165.6		
	3	3	4.50	1.50	1.67	3.33	13	43.29	2.86	5.4
	4	1	1.00	1.00	4.50	3.00	4	12.00		
8	1	27	8.5	0.32						
	2	6	2.5	0.42	3.40	4.50	33	148.50		
	3	2	2.0	1.00	1.25	3.00	8	24.00	2.85	7.60
	4	1	0.5	0.50	4.00	2.00	3	6.00		
9	1	22	10	0.46						
	2	4	2.5	0.63	4.00	5.50	26	143		
	3	2	2.0	1.00	1.25	2.00	6	12.00	3.09	5.88
	4	1	0.75	0.75	2.67	2.00	3	6.00		
10	1	34	13	0.38						
	2	7	8	1.10	1.63	4.86	41	199.26		
	3	2	2.5	1.25	3.20	3.50	9	31.50	2.82	4.97
	4	1	1.5	1.5	1.67	2.00	3	6.00		
11	1	41	16.75	0.41						
					3.05	4.56	50	228.00		

	2	9	5.50	0.61	2.44	4.50	11	49.50	2,88	5,65
	3	2	2.25	1.13	0.90	2.00	3	6.00		
	4	1	2.50	2.50						
12	1	26	13	0.50	4.00	4.33	32	138.56		
	2	6	3.25	0.54	3.25	3.00	8	24.00	3.25	5.90
	3	2	1.00	0.50	0.57	2.00	3	6.00		
	4	1	1.75	1.75						
13	1	26	10	0.39	4.00	3.71	33	122.43		
	2	7	2.5	0.36	1.25	3.50	9	31.50	3.23	7.50
	3	2	2.0	1.00	2.00	2.00	3	6.00		
	4	1	1.0	1.00						
14	1	36	26	0.75	4.72	4.50	44	198.00		
	2	8	5.5	0.69	5.50	4.00	10	40.00	4.48	6.11
	3	2	1.00	0.50	0.50	2.00	3	6.00		
	4	1	2.00	2.00						

15	1	64	30.5	0.48	3.59	5.8	75	435		
	2	11	8.5	0.77	5.67	5.5	13	71.5	3.5	6.46
	3	2	1.5	0.75	0.55	2.00	3	6.00		
	4	1	2.75	2.75						
16	1	77	30.5	0.40	3.59	4.81	93	447.33		
	2	16	8.50	0.53	1.21	3.20	21	67.20	2.33	4.65
	3	5	7.00	1.40	1.87	5.00	6	30.00		
	4	1	3.75	3.75						
17	1	76	20.5	0.27	4.10	4.22	94	396.68		
	2	18	5.00	0.28	2.50	4.50	22	99.00	2.28	7.53
	3	4	2.00	0.50	0.80	4.00	5	20.00		
	4	1	2.50	2.50						
18	1	55	33	0.60	5.50	3.93	69	271.17		
	2	14	6	0.43	2.00	4.67	17	79.39	1.6	2.58
	3	3	3	1.00						

	4	1	5	5.00	0.60	3.00	4	12		
19	1	41	24.6	0.60	2.59	6.83	47	321.01	2.3	2.88
	2	6	9.5	1.58	1.65	3.00	8	24.00		
	3	2	5.75	2.88	5.75	2.00	3	6.00		
	4	1	1	1.00						
20	1	23	17	0.74	1.70	3.29	30	98.70	2.64	2.85
	2	7	10	1.43	4.00	2.33	10	23.30		
	3	3	2.5	0.83	1.25	3.00	3	9.00		
	4	1	2	2.00						
21	1	32	17	0.53	3.78	3.56	41	145.96	2.40	3.60
	2	9	4.5	0.50	0.90	3.00	12	36.00		
	3	3	5.0	1.67	1.67	3.00	4	12.00		
	4	1	3.0	3.00						

Comprimento do curso de água

A lei de Horton sobre os comprimentos dos cursos de água estabelece que os comprimentos médios dos segmentos de cada uma das ordens sucessivas de uma bacia tendem a aproximar-se de uma sequência geométrica direta em que o termo de primeira ordem é o comprimento médio dos segmentos da primeira ordem (Horton, 1945). Em VRB, o comprimento dos cursos de água diminui geralmente com o aumento da ordem dos segmentos, exceto nas FOSBs 2, 5, 11, 12, 14, 17 e 19, e pode dever-se à diminuição do número de cursos de água. A variação ocorre no caso de 38% das FOSBs. O maior comprimento do curso de água indica um aparecimento mais lento da cheia e um maior caudal superficial.

Comprimento médio do curso de água, Lu

O comprimento médio do curso de água (Lu) é uma propriedade dimensional que revela o tamanho caraterístico dos componentes de uma rede de drenagem e contribui para a superfície da bacia (Strahler, 1964). O comprimento médio do curso de água, $Lu = \sum L / Nu$, onde $\sum L$ é o comprimento total do curso de água de uma determinada ordem e Nu é o número de segmentos do curso de água dessa ordem. Em geral, Lu aumenta à medida que a ordem do segmento aumenta. Em VRB, exceto nas FOSBs 7, 8, 9, 10 e 19, Lu diminui à medida que a ordem dos segmentos de fluxo aumenta e constitui cerca de 24% das FOSBs. A análise revelou que 48 ordens de ribeiras diferentes de FOSBs com um comprimento médio inferior a 1 km (57%), 24 ordens de ribeiras com um valor entre 1 e 2 km (29%) e 12 ordens de ribeiras com um valor superior a 2 km (14%). As 8 ordens de ribeiras de FOSBs com um comprimento médio de 1 km constituem 10% do número total de ordens de ribeiras nas sub-bacias; quatro ordens de ribeiras com um comprimento médio de 2 km constituem 5% do número total de ordens de ribeiras com um comprimento médio de 3 km.

Densidade de drenagem, Dd

A densidade de drenagem é o comprimento total dos cursos de água numa determinada bacia de drenagem dividido pela área da bacia de drenagem (Horton, 1932, 1945). A diferença em Dd é registada para várias ordens. O estudo revelou que a densidade de drenagem média de uma bacia hidrográfica de ordem 4th é de 2,66 km/km^2 . O valor mais baixo de Dd é de 1,6 km/km^2 para a FOSB-18 e o mais alto é de 4,48 km/km^2 para a FOSB-14. O Dd entre as 21 FOSBs, o Dd é inferior a 2,00 km/km^2 para as sub-bacias 5 e 18 que constituem cerca de 10% das FOSBs, os valores entre 2 e 3 km/km^2 para 14 FOSBs que ocupam cerca de 67% das sub-bacias e os valores superiores a 3,00 para as FOSBs 9, 12, 13, 14 e 15 e constituem cerca de 23% das FOSBs. O Dd médio das bacias de várias ordens mostra que a bacia é bem drenada e as diferenças no Dd devem-se à variação do tipo de rocha, à intensidade do escoamento, à variação da precipitação, ao tipo de solo, ao relevo, à resistividade inicial do terreno à taxa de infiltração da erosão e à área total de drenagem da bacia (Joji et al 2001a).

Dd mais elevado para a FOSB-14, com um valor de 4,48 km/km^2 , que se situa numa região com precipitação muito elevada. A área de maior precipitação na VRB está muito próxima desta bacia (área de Ponmudi). A estação pluviométrica de Ponmudi Estate está situada na FOSB-16, que está atualmente abandonada. A FOSB-15, mais próxima da FOSB-14, regista a segunda maior precipitação e o segundo maior Dd. O posto pluviométrico de Bonaccadu Estate regista a segunda maior precipitação (em mm). Como a estação pluviométrica de Ponmudi Estate está abandonada, podemos dizer que a estação pluviométrica de Bonaccadu Estate regista a precipitação mais elevada (em mm). A FOSB-18, com o Dd mais baixo, regista comparativamente menos precipitação. A região com menor precipitação é Attingal e a sua área circundante situa-se na bacia de sétima ordem e está próxima desta sub-bacia. Assim, o estudo da densidade de drenagem permite tirar uma conclusão importante. Com o aumento da precipitação, a Dd e a infiltração aumentam. Assim, o aumento da Dd é diretamente proporcional à precipitação e à infiltração. As sub-bacias a oeste de 77° de longitude registam comparativamente menos precipitação; por conseguinte, as bacias a oeste de 77° de longitude têm uma densidade de drenagem mais baixa.

Assim, a densidade de drenagem (Dd) ∞ Precipitação (R); ou densidade de drenagem (Dd) = K X R, onde K (Dd / R) é uma constante e R a precipitação ocorrida durante um período. Portanto, Dd = K R. O valor de K é geralmente menor que um.

Frequência do fluxo, Df

A frequência dos cursos de água é definida como o número de segmentos de cursos de água por unidade de área (Horton, 1932, 1945). A frequência dos cursos de água (Df) é determinada dividindo o número total de cursos de água numa bacia pela área da bacia de drenagem. O Df médio para VRB é 2,62. O Df médio das FOSBs é 5. A análise das FOSBs revela que cerca de 52% das FOSBs têm um valor de Df inferior a 5 (11Nos) e cerca de 48% das FOSBs têm um valor superior a 5 (10 Nos). O valor mais baixo do Df é para a FOSB-18, com um valor de 2,58, e o mais alto para a FOSB-8, com 7,60.

Quadro 2.5: Valor da frequência Vs. número de FOSBs

Frequency value	No. of FOSBs
2.50-3.49	5
3.50-4.49	4
4.50-5.49.	4
5.50-6.49	5
>6.49	3

Quadro 2.6: Relação entre a densidade de drenagem (Dd) e a frequência dos cursos de água (Df)

FOSB	Dd	Df	Df = n. Dd	IF	FOSB	Dd	Df	Df = n. Dd	IF
1	2.40	4.54	1.89	10.90	12	3.25	5.9	1.82	19.18
2	2.23	4.26	1.91	9.80	13	3.23	7.5	2.32	24.23
3	2.51	5.17	2.06	12.98	14	4.48	6.11	1.36	8.31
4	2.4	4.33	1.80	10.39	15	3.5	6.46	1.85	22.61
5	1.73	3.38	1.95	5.85	16	2.33	4.65	1.99	10.83
6	2.26	3.73	1.65	8.43	17	2.28	7.53	3.3	17.17
7	2.86	5.40	1.88	15.44	18	1.60	2.58	1.61	4.13
8	2.85	7.60	2.66	21.66	19	2.30	2.88	1.25	6.62
9	3.09	5.88	1.90	18.17	20	2.64	2.85	1.08	7.52
10	2.82	4.97	1.76	4.96	21	2.40	3.60	1.50	8.64
11	2.88	5.65	1.96	16.27					

Os valores de Df aumentam geralmente com os valores de Dd. A relação entre Dd e Df é examinada (Tabela 2.6). Revela-se que Df é diretamente proporcional a Dd, ou seja, Df ∞ Dd; ou, Df = n Dd, em que 'n' é um número inteiro.

A relação entre Df e Dd pode ser dada pelas equações
1. Df = 1.31 Dd (se o valor de Df for inferior a 3)
2. Df = 1.80 Dd (Se o valor de Df estiver entre 3 e 7)
3. Df = 2.76 Dd (Se o valor de Df for superior a 7)

Tomando a média dos valores acima, podemos dizer que

Df = (1,31+1,80+2,76) /3 X Dd

$\therefore$ Df = 1.96 Dd

Assim, Df é o dobro do valor de Dd (Joji et al, 2001a). A variação de Df ocorre na VRB devido à variação do padrão de precipitação, do relevo, da taxa de infiltração e da resistividade inicial do terreno à erosão, da área total de drenagem da bacia e, sobretudo, do Dd da própria VRB

Rácio do comprimento do curso de água, RL

O rácio do comprimento dos cursos de água é a relação entre o comprimento médio dos cursos de água de uma ordem e o da ordem imediatamente inferior, que tende a ser constante ao longo das ordens sucessivas de uma bacia hidrográfica (Horton, 1945). Os valores mais elevados de RL indicam um maior número de fontes de ordem inferior para os cursos de água de ordem superior seguintes e os valores mais baixos indicam o comprimento limitado das drenagens de ordem inferior para servirem de fontes hidrológicas (Kumaraswamy e Sivagnanam, 1998) e os valores baixos de RL indicam o menor número de cursos de água Hortonianos de ordem inferior. A análise das FOSBs mostra que o valor mais elevado do rácio de comprimento é 4,5 e o mais baixo 0,44. O rácio médio do comprimento é de 2,27.

Rácio de alívio, Rh

A diferença de elevação entre os pontos mais altos e mais baixos de uma bacia é o relevo da bacia e indica a inclinação geral da bacia de drenagem e a intensidade dos processos de degradação que operam nas encostas da bacia e é a razão entre o relevo total e a sua maior dimensão paralela à linha de drenagem principal (Schumm, 1956). Rh = H / Lh; onde H é o relevo total e Lh é o comprimento da bacia. As FOSBs com relevo elevado estão situadas nas terras altas a montante e a leste da VRB. As áreas com relevo elevado e declives acentuados são caracterizadas por valores elevados de Rh, enquanto as áreas com rochas basais resistentes e baixo grau de declive são caracterizadas por valores baixos de Rh. Em VRB, o rácio de relevo é de 0,03 e o rácio de relevo elevado é registado na área mais próxima de Idinjar, Kallar, Anappara, Ponmudi e Sathyamangalam.

Rácio de alongamento, E

O rácio de alongamento é a relação entre o diâmetro de um círculo com a mesma área que a bacia e o comprimento máximo da bacia (Schumm, 1956); é uma medida da forma da bacia hidrográfica e o valor varia geralmente entre 0,6 e 1 (Chow, 1964). Quanto mais baixo for o valor de E, mais alongada será a forma das bacias (Srivastava, 1978). Valores entre 0,6 e 0,8 são regiões de relevo elevado. Analisando o rácio de alongamento, podemos prever a forma das bacias. As bacias com valores do rácio de alongamento superiores a 0,9 têm forma circular, entre 0,8 e 0,9 têm forma oval, 0,7 e 0,8 são menos alongadas e abaixo de 0,7 são alongadas. A zona mais oriental da VRB tem um relevo muito elevado e o rácio de alongamento varia entre 0,6 e 0,8. Uma bacia circular é mais eficiente na descarga do escoamento do que uma bacia alongada e é significativa na previsão de cheias (Singh e Singh, 1997) e, além disso, o tempo de concentração é menor em bacias circulares (Upendran et al, 1998).

Rácio de bifurcação, Rb

O rácio de bifurcação é o rácio entre o número de segmentos de uma ordem e o número de segmentos da ordem superior seguinte (Horton, 1945). É representado pela equação Rb = Nu / Nu+1; onde Rb é o rácio de bifurcação, Nu é o número de segmentos numa ordem u e Nu+1 é o número de segmentos na ordem superior seguinte. O rácio de bifurcação varia entre 3 e 5,0 para bacias hidrográficas em que as estruturas geométricas não distorcem o padrão de drenagem (Chow et al, 1988). O valor mínimo teórico de 2,0 raramente é atingido em condições naturais. Trata-se de um rácio adimensional, uma vez que os sistemas de drenagem em materiais homogéneos tendem a apresentar semelhanças geométricas, o rácio apresenta apenas uma pequena variação de região para região. É de esperar que os rácios de bifurcação anormalmente elevados se verifiquem em regiões de estratos rochosos com declive acentuado, onde os vales de ataque alongados estão confinados entre as cristas de hogback e os valores elevados de Rb para os cursos de água de primeira e segunda ordem reflectem que têm origem num nível mais elevado e os valores de Rb reflectem indiretamente o impacto da litologia e, para as rochas cristalinas, são quase idênticos (Gopalakrishnan et al, 1997).

Se, no interior de uma rede, os rácios de bifurcação forem iguais, esta é designada por rede de Hotron. O estudo revela que a condição de rede de Horton não está presente em nenhuma das FOSBs. O Rb médio é de 3,7 e o valor mínimo teórico de 2,00 é registado para as FOSBs 6, 10 e 11. A maioria dos valores varia entre 2 e 5. O valor mais elevado de Rb, 6,83, é registado para a FOSB-19. O número mais baixo de fluxos envolvidos no Rb é 3 e o número mais elevado de fluxos envolvidos é 94 para a FOSB-17. O produto de Rb e o número de fluxos envolvidos em Rb foram examinados. O seu valor mais baixo é 6 e o mais elevado 447,33 para a FOSB-16. O valor médio de Rb de 3,7 indica que a bacia sofreu menos perturbações estruturais e que o padrão de drenagem não foi distorcido por perturbações estruturais (Nautiyal, 1994) e que o controlo estrutural desempenhou um papel limitado no desenvolvimento das drenagens. A variação dos valores de Rb deve-se a diferenças nas condições climáticas, na geologia e na estrutura das rochas, no relevo e nas fases de desenvolvimento da bacia. Os valores de Rb variam de 2,00 em bacias planas ou onduladas a 3,00-4,00 em bacias montanhosas e altamente dissecadas (Horton, 1945).

Fator de forma, F

O fator de forma é a razão entre a área da bacia e o quadrado do comprimento da bacia (Horton, 1932) e é calculado por $F = A / Lb^2$; onde A é a área de drenagem e Lb é o comprimento da bacia hidrográfica. O valor de F do VRB é 0,11. Trata-se de um rácio adimensional e é utilizado como expressão quantitativa do contorno da forma da bacia. As bacias altamente alongadas têm um valor F de zero e as bacias circulares têm um valor F de um. As bacias com valores elevados de F têm picos de caudal elevados durante um período mais curto, enquanto as bacias alongadas com um valor baixo de F têm um pico de caudal mais plano durante um período mais longo e os caudais de cheia das bacias alongadas são mais fáceis de gerir (Nautiyal, 1994). O valor de F em VRB é de cerca de 0,11 e o valor superior a zero indica que VRB não é uma bacia altamente alongada. Como a bacia é alongada e o valor de F é baixo, a VRB registe picos de caudal mais planos e os caudais de cheia são mais fáceis de gerir.

Rácio de circularidade, Rc

O rácio de circularidade é a razão entre a área da bacia hidrográfica e a área de um círculo com o mesmo perímetro que a bacia (Miller, 1953). É um rácio adimensional para expressar o contorno da bacia (Strahler, 1964) e Rc varia entre 0,6 e 0,7 para tipos de rochas homogéneas, 0,40 e 0,5 para terrenos quartzíticos e é influenciado pelo comprimento e Df dos cursos de água, estruturas geológicas, vegetação, clima, relevo e declive da bacia (Singh e Singh, 1997).

Índice de sinuosidade (S)

O índice de sinuosidade é o rácio entre o comprimento do canal e o comprimento do vale do rio (Muller, 1968). O índice de sinuosidade revela as condições topográficas e hidráulicas dos cursos de água. O índice de sinuosidade médio da VRB é de 1,439 e diminui para 1,10 nas zonas costeiras. Em geral, os valores de S variam entre 1,00 e 4,00 e os cursos de água com um valor de S de 1,00 são rectos, os que têm valores inferiores a 1,50 são chamados sinuosos e mais de 1,50 são meandrantes (Leopold, 1969). O valor S é de 1,1 nas planícies costeiras de Anjengo, Kadakkavoor, Chirayinkil, Vakkom e Moongode.

Zona da sub-bacia de quarta ordem

A área em forma de quase triângulo com cerca de 4 km^2 situa-se entre as FOSBs- 7 e 8. Esta área tem uma baixa densidade de drenagem e frequência de drenagem. A área também é caracterizada por um declive menor. Os inventários de poços indicam uma profundidade rasa a média do lençol freático e podem ser considerados como uma zona muito potencial para águas subterrâneas. Esta área pode ser utilizada para a localização de poços escavados a céu aberto e terá um rendimento elevado, uma vez que a área tem uma profundidade rasa a média até ao lençol freático, com menos declive e precipitação abundante.

Gestão de bacias hidrográficas

A bacia hidrográfica é uma unidade geo-hidrogeológica que drena num ponto comum por um sistema de cursos de água. A profundidade de uma bacia hidrográfica pode estender-se desde o topo da vegetação até aos estratos geológicos confinantes que se encontram por baixo. Em termos de extensão de área, pode variar até alguns milhares de hectares. A gestão das bacias hidrográficas deve ter em conta os factores sociais, económicos e institucionais que operam dentro e fora da bacia hidrográfica. Trata-se de uma abordagem integrada e interdisciplinar que tem por objetivo o aumento da produção agrícola, a criação de emprego rural e o crescimento equilibrado da economia nacional.

Características da bacia hidrográfica

As características da bacia hidrográfica incluem a fisiografia (dimensão e forma), o declive do terreno, a densidade de drenagem, o solo e a geologia, a utilização da terra, a cobertura vegetal, a pluviosidade e os factores socioeconómicos. A gestão da bacia hidrográfica é definida como o processo de formulação e execução de um curso de ação que envolve a manipulação dos recursos naturais, agrícolas e humanos de uma bacia hidrográfica para fornecer recursos que são desejados e adequados à comunidade da bacia hidrográfica, mas que não são afectados negativamente.

A dimensão da bacia hidrográfica é um parâmetro importante na determinação da taxa máxima de escoamento superficial. A taxa e o volume de escoamento superficial aumentam com o aumento da dimensão da bacia hidrográfica. Uma bacia hidrográfica longa e estreita terá uma maior infiltração da água da chuva e uma baixa taxa de escoamento. O declive é um fator importante para determinar a velocidade e a extensão do escoamento e para conhecer o padrão de utilização do solo. A elevada densidade de drenagem é uma caraterística das formações de xisto, argila e xistosas. Quanto mais grosseira for a textura da drenagem, maior será a condutividade. O solo e a geologia da bacia hidrográfica determinam as taxas de infiltração e percolação da água, o escoamento superficial, a erosão do solo, o padrão de drenagem e a densidade de drenagem. Os terrenos de uma bacia hidrográfica devem ser utilizados para diversos fins, como o cultivo, a habitação, a captação de água, etc. A utilização dos terrenos afecta a taxa de escoamento e as taxas de infiltração. O coberto vegetal na bacia hidrográfica influencia a precipitação, o escoamento, a erosão, a taxa de evaporação e a taxa de infiltração. Um bom coberto vegetal protege a bacia hidrográfica da escassez de terra e água e dos riscos. A precipitação numa bacia hidrográfica é uma chave importante para determinar o seu comportamento. A quantidade, a frequência e a intensidade da precipitação são elementos importantes numa bacia hidrográfica. Em cada bacia hidrográfica, são importantes três factores socioeconómicos, nomeadamente o perfil demográfico, os factores sociológicos e os factores económicos. Estes factores estão inter-relacionados entre si.

Classificação da bacia hidrográfica

A bacia hidrográfica é classificada por número de autores. A classificação das bacias hidrográficas segundo Anon[1] , 1999 é compilada (Quadro 2.2)

Tabela 2.7: Classificação das bacias hidrográficas

#	Type of watershed	Area in hectares
1	Macro watershed	More than 50,000
2	Sub watershed	10,000-50,000
3	Milli watershed	1,000-10,000
4	Micro watershed	100-1000
5	Sub micro watershed	1-100

(Anon[4], 1999)

Seleção da bacia hidrográfica

Em cada aldeia selecionada de uma bacia hidrográfica são identificados cerca de 500 hectares com base num ou mais dos seguintes critérios

> Bacia hidrográfica que regista uma grave escassez de água potável,
> Bacia hidrográfica com grande população SC/ST
> Bacia hidrográfica com preponderância de terrenos baldios,
> Bacia hidrográfica com preponderância de terrenos baldios,
> Bacia hidrográfica que é contígua a outra bacia hidrográfica já desenvolvida ou selecionada para desenvolvimento,
> Bacia hidrográfica, que está a ter problemas especiais como a seca, a erosão do solo, o stress das águas subterrâneas e problemas de qualidade.

Norma para a seleção de projectos de bacias hidrográficas

Apenas as aldeias em que a participação da população esteja assegurada serão seleccionadas para efeitos de desenvolvimento sustentável da bacia hidrográfica. As normas mínimas de participação da população em termos de contribuição são

* Pelo menos 5 % do custo do investimento deve ser uma contribuição da comunidade,
* Pelo menos 10 % do custo do investimento em trabalhos individuais numa propriedade privada deve provir do beneficiário/utilizador; para a população SC/ST e para as pessoas abaixo do limiar de propriedade é de apenas 5 %,
* Uma resolução do Gram Panchayat e da comunidade da bacia hidrográfica disposta a partilhar os benefícios dos bens criados e do projeto com as camadas mais fracas da sociedade, e
* Uma resolução do Gram Panchayat e da comunidade da bacia hidrográfica disposta a assumir, operar e manter os activos físicos criados pelo projeto de desenvolvimento da bacia hidrográfica.

Norma para a seleção da bacia hidrográfica com base no estudo morfométrico

Verifica-se que a maior parte dos sistemas de gestão das bacias hidrográficas se baseia em sub-bacias de quarta ordem (FOSB) e em sub-bacias de ordem inferior às FOSB. Isto significa que, no desenvolvimento de uma bacia hidrográfica, estão envolvidos principalmente os cursos de água Hortonianos de primeira, segunda, terceira e quarta ordem. Na gestão da bacia hidrográfica, os principais parâmetros envolvidos são o solo, a água e os recursos bióticos, como a flora e a fauna. A ênfase nas FOSBs é a necessidade do momento para o desenvolvimento da bacia hidrográfica.

Capítulo 3

Recursos hídricos de superfície

A água de superfície é a água armazenada ou que flui na superfície da terra e interage com os sistemas de água atmosférica e sub-superficial (Chow et al, 1988). Os recursos hídricos superficiais de VRB incluem rios, lagos (remansos ou kayals) e riachos. A quantidade de água de superfície depende do padrão de precipitação. As diferentes fontes de água de superfície são examinadas separadamente. O estudo morfométrico efectuou um estudo pormenorizado dos rios e ribeiros. O VRB é um curso de água de sétima ordem, em que os cursos de água de sexta e sétima ordem são perenes e todos os outros de natureza efémera (Quadro 2.1).

Água do mar e lago

Anjengo e Kozhithottam são dois sistemas de remanso na área de estudo. O rio Vamanapuram deságua no Anjengo e está ligado ao Kozhithottam, que se situa na parte noroeste da VRB. A água dos sistemas de remanso de Anjengo e Kozhithottam apresenta salinidade devido à intrusão de água salgada e a diferentes tipos de poluição da água resultante da decomposição da casca de coco e de resíduos azotados e sulfatados transportados para o sistema de remanso pelo fluxo de retorno da irrigação (George e Nair, 2000). O sistema de remanso de Anjengo e Kozhithottam com uma área de drenagem de 0,45 km^2 e 2,85 km^2 respetivamente (Nazimuddin e Basak, 1993).

Tanques e lagos

Os tanques e as lagoas funcionam como estruturas de armazenamento de águas de superfície e como fonte de água. Outras estruturas de armazenamento de águas superficiais são os arrozais, as barragens de controlo, as bacias de contorno e de gradagem, as nalas, as bacias hidrográficas e as depressões. No caso de nala e rios, os materiais utilizados para fazer estruturas de armazenamento de água incluem bambu, folha de estanho, saco de polietileno, troncos de madeira, saco de areia de lama, geotêxteis e outros materiais disponíveis localmente. Os quatro principais charcos investigados em VRB situam-se em Kilimanoor, Karavaram, Kizhuvillam e Pothencode Grama Panchayats e são conhecidos como Deveswara Kulam, Ayyankonam, Parayathukonam Kulam e Kallur Karichira, respetivamente (Basak et al, 1989). Os aspectos salientes e outros pormenores dos charcos são compilados (Quadro 3.1)

<u>Quadro 3.1: Aspectos geográficos e outros pormenores dos tanques/lagos</u>

Details	Deveswarakulam	Ayyankonam	Parayattukonam	Kallur Karichira
Panchayat	Kilimanoor	Karavaram	Kizhuvilam	Pothencode
Latitude	8°46'20"	8°45'00"	8°39'55"	8°37'40"
Longitude	76°51'25"	76°48'00"	76°48'30"	76°51'55"
Altitude amsl, m	35	40	20	35
Toposheet	58 D/13	58 D/13	58D/14	58D/14
Volume, m^3	18,000	72,000	23,400	28,800
Area, m^2	9000	12000	7800	7200
Depth, m	0.5	2.0	1.0	0.9
Perennial	Yes	Yes	Yes	Yes
Quality	Good	Good	Good	Good
Lining	Yes	Yes	Yes	Yes
Siltation	Yes	Yes	Yes	Yes
Ownership	Private	Private	Private	Private
L U of command	C, P	C, P	C, P	C, P
Present use	D, I	I	D, I	D, I
Pumping facility	Yes	Yes	Yes	No
Future use	D, I	I	D, I	D, I
Rejuvenation reqd.	Yes	No	Yes	No

(Modified after Basak et al, 1989); L U – Land Use; C - Coconut; P - Paddy; D- Domestic; I- Irrigation

As águas superficiais líquidas disponíveis para desenvolvimento a partir das lagoas podem ser consideradas como 70% do volume total de água (Rai, 1993). Assim, a água de superfície líquida disponível para desenvolvimento a partir dos lagos Deveswarakulam; Ayyankonam, Parayattukonam e Kallur Karichira é de 12 600, 50 400, 16 300 e 20 160 m³ respetivamente.

Precipitação

A precipitação das monções SW e NE desempenha um papel dominante na disponibilidade de água na VRB. Os dados de precipitação de seis estações pluviométricas, nomeadamente Attingal, Banaccadu Estate, Marchistan Estate, Valayanki, Braemore Estate e Ponmudi (Fig. 3.1), são utilizados para o estudo.

A densidade do pluviómetro segue as recomendações do ISI (1969); recomenda estações de pluviómetro para áreas planas (uma para 520 km²), áreas não muito elevadas (uma para 260 a 390 km²) e áreas montanhosas (uma para 130 km²).

Fig. 3.1: Estações de medição da precipitação na bacia do rio Vamanapuram

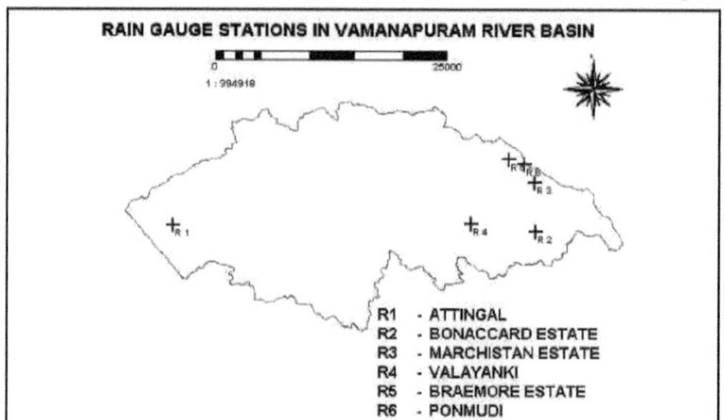

Estação pluviométrica de Attingal (MRS)

Os dados de precipitação da estação de Attingal de 1982 a 1986 foram examinados e a estação atual foi abandonada. Os dados revelam que, nos meses de janeiro a junho, com exceção de abril, a precipitação apresenta uma tendência decrescente em 1986, em comparação com o ano anterior (1985). Os estudos de intervalo de 1982-83 e 1984-86 para o período de julho a dezembro mostram que, com exceção de dezembro, todos os valores médios de 1984-86 são superiores aos valores médios de 1982-83 (Quadro 3.2). Todos os meses de 1984-86 registam uma tendência de aumento. A precipitação média de 6 mm é a mais baixa registada em fevereiro. Registaram-se chuvas fortes em junho devido ao início da monção do sudoeste. O estudo dos valores médios de precipitação (82-83 e 84-86) mostra uma tendência de aumento no período de 8486 em comparação com o intervalo anterior (82-83). Os dados de precipitação (1982-86) da estação de medição estão representados (Fig.3.2 & 3.3)

Quadro 3.2: Dados da precipitação média (mm) de Attingal

Month	1982-86	1982-83	1984-86
January	7.00	NA	7.00
February	6.00	NA	6.00
March	27.20	NA	27.20
April	100.00	NA	100.00
May	79.44	6.00	128.40
June	240.00	93.40	337.73
July	95.50	42.00	149.00
August	86.20	69.50	97.33
Sept.	53.83	43.50	64.15
October	45.38	36.00	54.75
November	86.50	27.50	125.83
December	17.00	19.00	16.00

Fig. 3.2: Precipitação em Attingal (janeiro a junho)

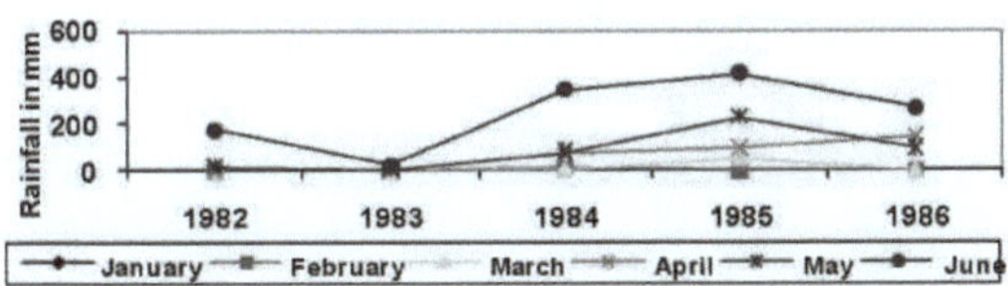

Fig. 3.3: Precipitação em Attingal (julho a dezembro)

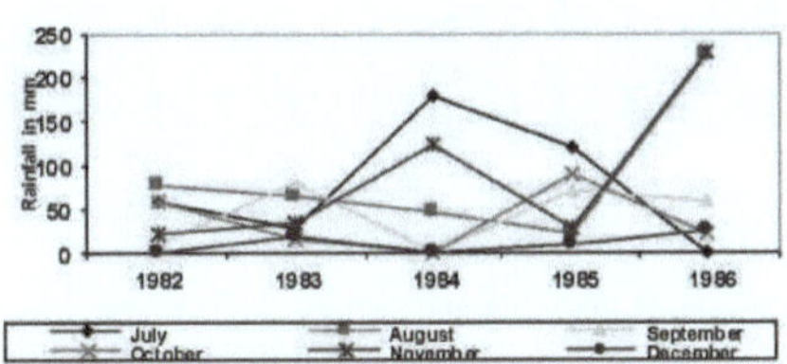

Estação pluviométrica de Bonaccadu Estate (BRS)

Os dados de precipitação registados durante um período de 15 anos, entre 1982 e 1996, são utilizados no estudo. A estação pluviométrica de Bonaccadu Estate está atualmente abandonada. Os valores médios da pluviosidade (82-83, 84-88, 89-93 e 94-96) revelam que a pluviosidade apresenta uma tendência geral de declínio em março, abril, maio e junho, mas uma tendência geral de aumento em janeiro. A estação de fevereiro apresenta tanto uma tendência de aumento como de diminuição. A precipitação média mais elevada registou-se em junho e a mais baixa em fevereiro (Quadro 3.3). O período de julho a dezembro mostra uma tendência de declínio da precipitação em todas as seis estações. A precipitação média mais elevada é registada em julho e a mais baixa em dezembro. Os dados de precipitação da estação de medição estão representados em gráfico (Fig. 3.4 & 3.5).

Quadro 3.3: Dados da precipitação média (mm) de Bonaccadu

Month	1982-90	1991-96	1982-83	1984-88	1989-93	1994-96
January	56.95	106.69	46.50	66.42	73.50	100.88
February	64.20	40.58	22.70	64.14	44.80	64.85
March	94.46	32.18	34.65	113.76	75.13	20.10
April	121.09	101.52	50.35	148.22	123.32	80.16
May	350.10	282.96	282.90	134.62	373.36	280.98
June	883.08	905.64	675.25	918.04	1283.00	314.95
July	576.31	678.96	546.10	469.12	947.08	362.45
August	531.40	402.07	539.35	564.98	435.98	370.50
Sept.	586.40	331.67	418.85	653.98	486.56	242.40
October	552.37	609.60	279.75	552.36	900.76	267.93
November	355.57	454.41	453.55	292.80	594.56	194.21
December	156.09	52.82	97.00	201.96	98.48	8.51

Fig. 3.4: Precipitação da Herdade de Bonaccadu (janeiro a junho)

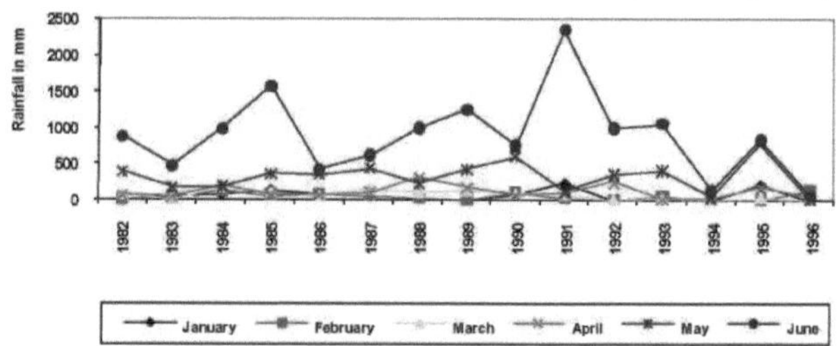

Fig. 3.5: Precipitação da Herdade de Bonaccadu (julho a dezembro)

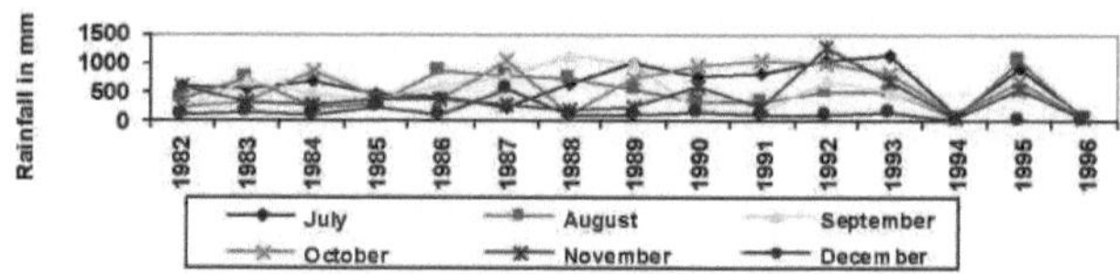

Estação pluviométrica de Marchistan Estate (MRS)

A estação pluviométrica de Marchistan Estate está atualmente abandonada. Os dados relativos ao período entre 1982 e 1991 são utilizados no estudo. O mês de junho regista a precipitação média máxima na bacia e o mês de fevereiro a mais baixa, com um valor médio de 27,97 mm. Nota-se uma diminuição geral na tendência da disponibilidade de precipitação em todos os períodos, exceto no estudo do intervalo de dezembro (Tabela 3.4). Os meses de dezembro, janeiro, fevereiro, março e abril registam uma precipitação média inferior a 100 mm e são geralmente secos, enquanto os restantes meses registam uma precipitação média superior a 100 mm. A precipitação da estação está representada nas Fig. 3.6 e 3.7.

Tabela 3.4: Dados da precipitação média (mm) do Estado de Marchistan

Month	1982-90	1991-98	1982-83	1984-88	1989-91
January	50.22	36.00	9.40	56.73	50.50
February	48.25	3.00	10.70	67.70	5.50
March	75.88	17.00	37.83	100.28	23.50
April	124.43	19.00	85.34	156.76	30.00
May	243.71	37.00	302.25	204.64	179.50
June	477.75	400.00	533.29	545.28	214.50
July	350.30	183.00	474.21	289.00	296.00
August	341.80	71.00	381.01	361.88	117.00
Sept.	344.91	21.00	285.90	420.90	52.00
October	363.96	193.00	357.74	349.64	320.00
November	207.89	57.00	200.40	195.66	170.50
December	98.85	3.00	29.21	131.88	38.00

Fig. 3.6: **Precipitação do Estado de Marchistan (janeiro a junho)**

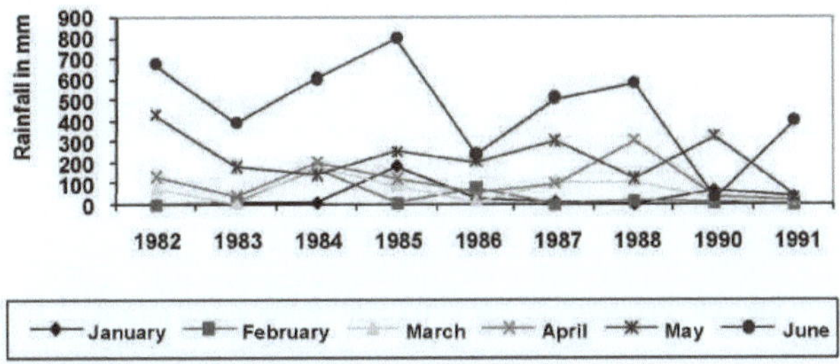

Fig. 3.7: Precipitação do Estado de Marchistan (julho a dezembro)

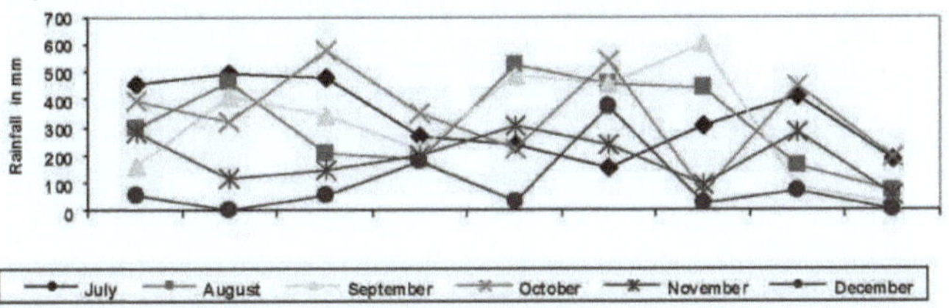

Estação pluviométrica de Valayanki (VRS)

Os dados entre 1982 e 1998 da Estação de Medição de Chuva de Valayanki são utilizados no estudo e os dados para o período de janeiro a abril de 1997 não estão disponíveis. O estudo de janeiro-junho mostra que os valores de 1994-1998 têm uma tendência decrescente, exceto em janeiro e fevereiro, e que entre julho e dezembro há uma tendência crescente na disponibilidade de precipitação, exceto em julho (Quadro 3.5). Os dados de precipitação de 1982-90 e 1991-98 indicam que a precipitação média mais elevada ocorreu em outubro (622,81 mm) e a mais baixa em janeiro com 30,69 mm de precipitação média (intervalo 1982-1990). A precipitação da estação de medição está representada nas Fig. 3.8 e 3.9.

Quadro 3.5: Dados da precipitação média (mm) de Valayanki

Month	1982-90	1991-98	1982-83	1984-88	1989-93	1994-98
Jan.	30.69	50.00	9.50	38.50	21.20	35.60
Feb.	77.38	65.71	6.50	88.26	27.80	66.20
Mar.	49.18	65.80	7.90	51.32	68.80	21.20
April	167.51	161.81	91.00	188.12	168.30	135.24
May	254.46	288.60	297.80	181.30	371.10	248.26
June	367.50	505.44	281.50	294.40	691.20	298.50
July	287.24	456.75	265.15	159.12	506.00	419.20
Aug.	260.01	307.06	274.80	279.10	225.40	344.90
502.40	307.81	416.63	187.80	327.94	315.20	
Oct.	371.62	622.81	314.30	339.4	596.60	603.70
Nov.	256.72	438.38	233.00	247.30	410.00	414.00
Dec.	105.49	115.57	76.50	120.18	36.00	143.80

Fig. 3.8: Precipitação em Valayanki (janeiro a junho)

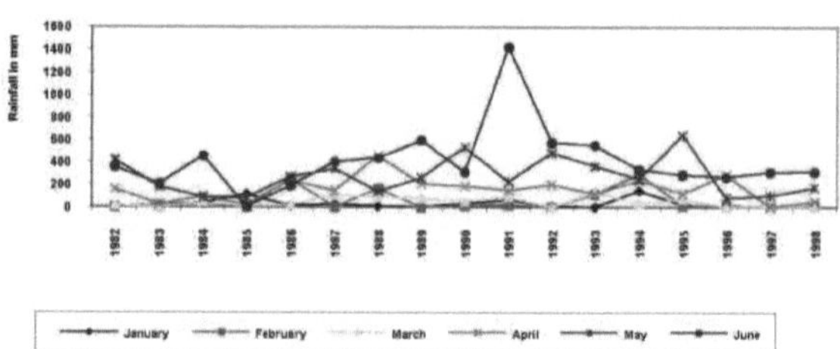

Fig. 3.9: Precipitação em Valayanki (julho a dezembro)

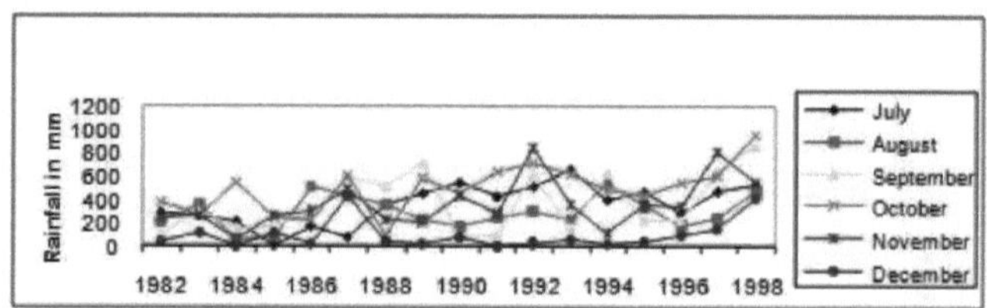

Estação pluviométrica de Braemore Estate (BERS)

Foram utilizados para o estudo 15 anos de dados pluviométricos da estação pluviométrica de Braemore Estate, de 1982 a 1996, e esta estação encontra-se atualmente em quarentena. O estudo revela que fevereiro e junho registam a precipitação média mais baixa e mais elevada, respetivamente. Observa-se um aumento geral na disponibilidade de precipitação durante fevereiro, abril e maio. A precipitação média mais elevada (1982-1996) de 578,82 mm é registada durante o período de junho, enquanto a precipitação mais baixa é observada durante dezembro e a mais elevada em outubro no caso de julho e dezembro para o período de 1982 a 1990, mas a mais elevada durante julho e a mais baixa durante dezembro entre 1991 e 1996. O estudo dos valores médios (exceto para 1982-83) mostra uma tendência de declínio durante julho, outubro e novembro (Quadro 3.6). O padrão de precipitação é representado nas Figuras 3.10 e 3.11.

Quadro 3.6: Dados de precipitação média (mm) de Braemore Estate

Month	1982-90	1991-96	1982-83	1984-88	1989-93	1994-96
January	59.02	41.50	NA	73.28	51.50	21.67
February	55.36	19.12	22.25	66.40	0.60	23.75
March	79.19	22.70	0.25	84.22	52.40	28.00
April	172.99	162.53	110.05	185.56	122.18	221.25
May	210.11	331.40	230.13	192.72	223.35	450.67
June	534.49	706.33	400.30	543.46	881.50	490.00
July	367.88	567.09	359.53	320.00	592.89	551.67
August	364.36	363.00	379.68	365.10	303.75	431.00
Sept.	371.73	319.89	305.00	368.16	330.34	373.67
October	387.17	423.67	263.88	385.92	540.50	340.00
November	183.54	327.17	240.63	177.82	313.00	269.67
December	95.32	76.00	87.18	115.64	44.00	106.00

Fig. 3.10: Precipitação em **Braemore** (janeiro a junho)

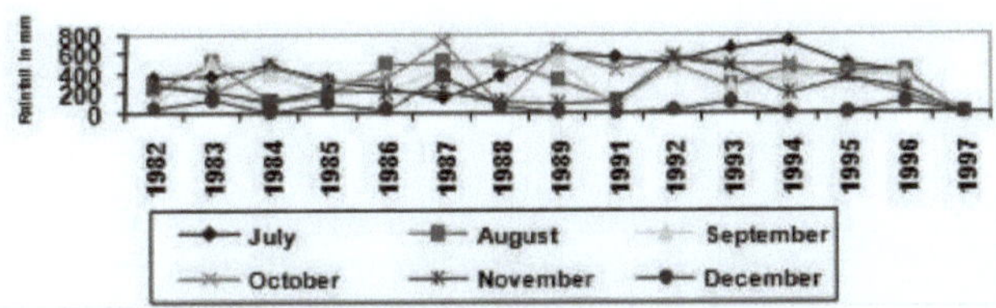

Fig. 3.11: Precipitação em Braemore (julho a dezembro)

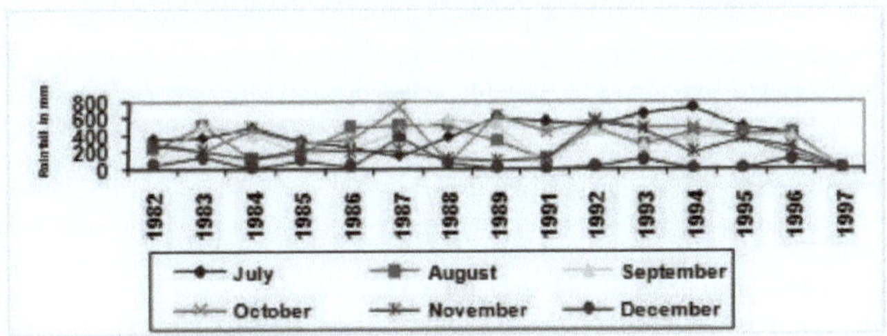

Estação pluviométrica de Ponmudi (PRS)

A estação pluviométrica de Ponmudi foi abandonada e apenas dois anos de dados foram utilizados no estudo. Regista-se uma diminuição geral da precipitação disponível na zona de Ponmudi, que é a região de maior precipitação em VRB. A tendência da precipitação é estudada (Quadro 3.7). A precipitação da PRS está representada na Fig. 3.12.

Tabela 3.7: Dados de precipitação média (mm) do PRS

Month	1982-83
January	
February	2.54
March	24.39
April	72.39
May	193.43
June	517.39
July	432.76
August	482.48
Sept.	362.35
October	276.85
November	200.04
December	84.73

Fi . 3.11: Precipitação em Ponmudi (janeiro a dezembro)

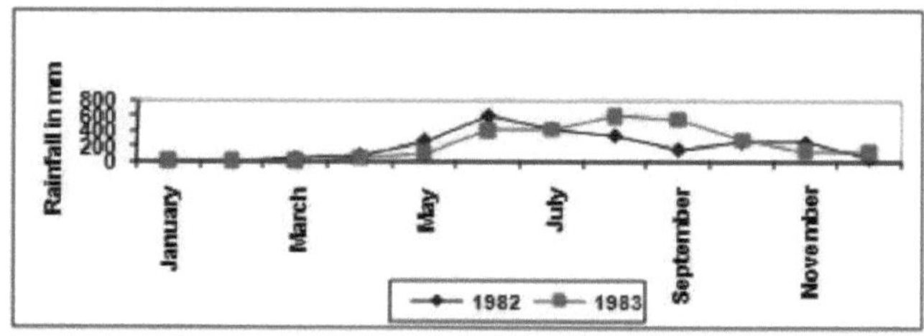

Estudo Isohyet

Um mapa de isoietas baseado nos valores reais e correlacionados de precipitação mostra a distribuição geográfica da precipitação por meio de linhas de isoietas. A quantidade total de água recebida como precipitação entre isoietas adjacentes pode ser calculada multiplicando os valores médios das duas isoietas pela área delimitada. A quantidade de água recebida como precipitação também pode ser calculada pelo método do polígono de Thiessen, que envolve a construção de polígonos à volta das estações, determinando as suas áreas e multiplicando-as pela quantidade de precipitação. O procedimento inclui

1) Primeiro, desenhe contornos de igual precipitação.
2) Em seguida, multiplique a área entre cada curva de nível pela precipitação média na área para obter o volume de precipitação na área.
3) Somar estes volumes para obter o volume total de precipitação,
4) Em seguida, dividir o volume total de precipitação pela área da bacia hidrográfica para obter a precipitação média da bacia hidrográfica.

A precipitação normal anual em 6 estações pluviométricas de VRB é calculada a partir dos dados e é compilada (Tabela 3.8). A análise das isoietas revelou a distribuição real da precipitação na VRB. O potencial hídrico total indica a quantidade total de água disponível através da precipitação. Verifica-se que as zonas ocidentais da bacia hidrográfica, tais como Attingal e a área circundante, registam uma precipitação inferior a 800 mm de precipitação anual normal. As zonas orientais e nordestinas registam fortes precipitações. Verifica-se uma tendência de aumento da precipitação em direção às zonas norte e nordeste. Ponmudi e a zona circundante registam uma precipitação anual normal superior a 4500 mm. Os isoietas revelam um aumento gradual da precipitação até 2000 mm de precipitação. Depois disso, as isoietas mostram uma variação no gradiente. De 3000 a 4500, o gradiente das isoietas é muito pronunciado e mais acentuado perto de Ponmudi. Ponmudi e a zona circundante registam uma precipitação intensa, o que pode indicar uma evapotranspiração potencial baixa (utilização para fins de consumo). A ocorrência frequente de deslizamentos de terras, derrocadas e súbitas e fortes descargas de água da zona montanhosa em Ponmudi e arredores pode dever-se ao facto de Ponmudi se situar numa região onde chove muito. O estudo revela que a precipitação anual normal em VRB é de 2983,92 mm. O mapa isohídrico da zona está compilado (Fig. 3.12).

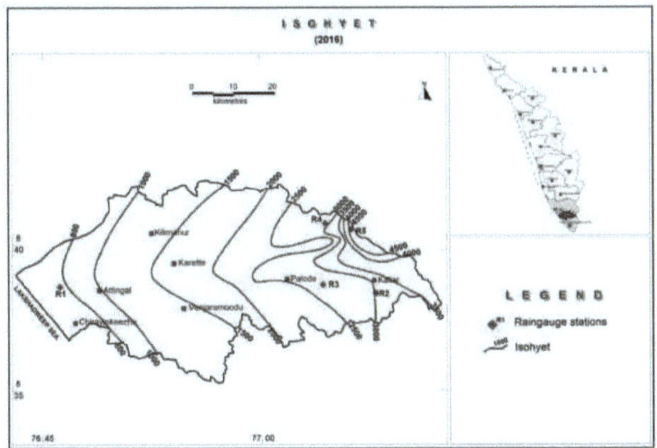

As monções SW e NE contribuem para a precipitação abundante em Ponmudi e arredores, uma estação de montanha nos Ghats Ocidentais. Além disso, a precipitação orográfica e os "aguaceiros de manga" pré-monção desempenham um papel dominante na disponibilidade de precipitação em Ponmudi e na área adjacente.

Quadro 3.8: Precipitação anual normal da bacia hidrográfica do rio Vamanapuram

Rain gauge Station	Normal rainfall (mm)	No. Years of data	Period
Attingal	731.58	5	1982-86
Banaccadu Estate	4162.87	15	1982-96
Marchistan Estate	2518.52	9	1982-91
Valayanki	2883.19	17	1982-98
Braemore Estate	2976.81	5	1982-96
Ponmudi	4630.56	2	1981-82

Estudos de alta

A taxa de fluxo de água através da área da secção transversal de um rio é designada por descarga (D) e é normalmente expressa em m^3 /s. Aqui, D=A.V, onde D é a descarga em m^3 /s, A é a área da secção transversal em m^2 e V é a velocidade do fluxo em m/seg. Três estações fluviométricas em VRB estão situadas em Valayanki, Mylamoodu e Anachal e a figura está representada (Fig.3.13). O caudal ou a descarga dos cursos de água depende de parâmetros geológicos, meteorológicos, ecológicos, topográficos e outros, como a permeabilidade e o teor de humidade da superfície do solo e do solo; a intensidade, a duração e a distribuição da precipitação; a humidade e a temperatura da atmosfera; o tipo e a densidade da vegetação; o declive da superfície do terreno e a profundidade do lençol freático (Karanth, 1987).

Fig.3.13: Estações fluviométricas na bacia hidrográfica do rio Vamanapuram

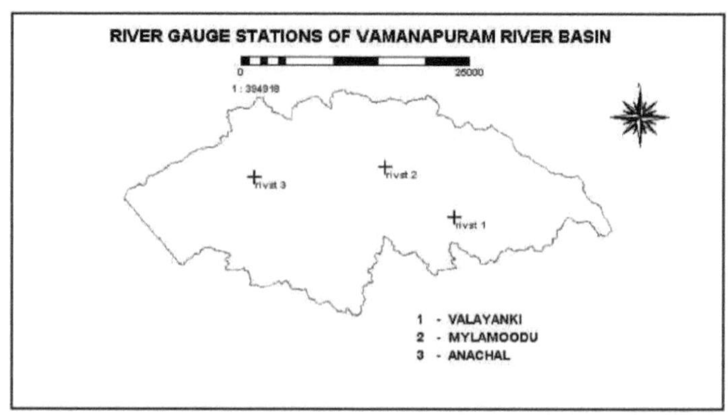

Estação fluviométrica de Valayanki, com uma bacia hidrográfica de 66 km², enquanto Mylamoodu e Anachal têm 84 km² e 549 km², respetivamente.

Estação de medição do rio Valayanki (VRGS)

A estação fluviométrica de Valayanki, com uma bacia hidrográfica de 66 km², é a estação fluviométrica mais oriental e está situada a leste de 77°5' de longitude, podendo ser representada na toposheet 58 H/2 da SOI, preparada em 1968.

janeiro a junho Dados de alta

O valor médio da descarga (de 1982 a 1998) é mais elevado no mês de junho devido ao início da precipitação da monção tropical SW com 26,05 Mm³. O segundo valor mais elevado foi registado em maio e o mais baixo em fevereiro. O estudo dos valores médios de 1982-90 e 1991-98 revelou que 1991-98 registou uma maior descarga média do que 1982-90. Os valores médios de janeiro e junho de 1994-98 mostram uma tendência decrescente quando comparados com o período anterior de 1989-93.

julho a dezembro Dados de alta

O mês de outubro registou a descarga média máxima. O estudo mostra que a descarga média de outubro é superior a 20 Mm³, exceto no período entre 1982 e 1983. Os valores médios de descarga de 1994-98 mostram uma tendência decrescente, exceto em dezembro, quando comparados com os valores médios de 1989-93. Os valores de 1989-93 mostram uma tendência crescente quando comparados com os valores actuais. O padrão de descarga do VRGS está compilado (Tabela 3.9) e representado na Fig. 3.12.

Quadro 3.9: Dados relativos ao caudal médio (Mm³) de Valayanki

Month	1982-90	1991-98	1982-83	1984-88	1989-93	1994-98
Jan.	2.96	4.85	2.33	3.17	5.63	3.35
Feb.	1.90	2.16	0.97	2.14	1.97	2.38
Mar.	1.38	2.01	0.83	1.44	1.73	2.19
April	1.73	3.54	1.06	1.90	2.17	4.29
May	3.89	7.16	2.74	2.76	5.38	9.22
June	21.04	36.29	15.54	15.72	56.74	16.21
July	25.13	34.76	21.62	16.13	49.88	16.13
Aug.	19.52	22.85	22.65	17.68	24.78	17.68
Sept.	18.61	30.80	16.06	18.61	20.20	18.61
Oct.	21.30	52.49	8.41	22.36	41.70	22.36
Nov.	15.66	31.70	10.51	10.18	37.89	10.18
Dec.	4.95	8.29	3.41	4.87	4.59	4.87

Estação fluviométrica de Mylamoodu (MRGS)

A estação fluviométrica de Mylamoodu está situada a leste de 77° de longitude, com uma bacia hidrográfica de 84 km^2 . Pode ser representada na toposheet 58 H/2 preparada pelo SOI em 1968. Os dados de descarga de 1982 a 1998 foram utilizados para o estudo e estão compilados (Tabela 3.12).

Quitação de janeiro a junho

Os valores médios de descarga (Mm^3) por mês para o período entre 1982 e 1998 são inferiores a 1,00 para janeiro, fevereiro, março e abril, enquanto que maio tem uma descarga superior a 2 Mm^3 e junho tem uma descarga superior a 10 Mm^3 (12,49). Os valores médios (1982-83, 1984-88, 1989-93, 94-98) revelam que junho registou uma descarga máxima. A segunda maior descarga registou-se no mês de maio. Os valores de descarga de 1994-98 mostram uma tendência de aumento, exceto em junho.

Quitação de julho a dezembro

O mês de outubro registou uma descarga média máxima de 16,34 Mm^3 seguido de julho (13,40 Mm^3). A descarga mais baixa regista-se em dezembro. Os valores médios de 1994-98 mostram uma tendência de aumento, exceto nos meses de julho e novembro.

Quadro 3.10: Dados da descarga média (Mm^3) de Mylamoodu

Month	1982-90	1991-98	1982-83	1984-88	1989-93	1994-98
Jan.	0.47	0.87	0.09	0.66	0.27	1.24
Feb.	0.41	1.04		0.41	0.12	1.22
March	0.32	0.62	0.25	0.40	0.06	0.62
April	1.12	0.99	0.10	1.91	0.05	1.46
May	1.65	2.88	1.79	0.88	1.96	4.30
June	10.89	15.73	8.63	10.84	21.62	8.85
July	11.94	6.41	12.39	12.39	20.59	14.19
Aug.	8.52	8.87	8.68	8.68	7.80	21.18
Sept.	9.11	9.90	9.76	9.76	4.78	20.86
Oct.	10.05	3.60	11.06	11.06	19.44	31.26
Nov.	7.90	5.28	6.66	6.66	20.64	14.76
Dec.	1.43	1.01	1.87	1.87	1.65	4.11

Estação de medição do rio Anachal (ARGS)

A estação fluviométrica de Anachal é a estação fluviométrica mais ocidental situada no toposheet 58 D/14 do SOI, elaborado em 1968. Situa-se a oeste de 76°55' de longitude. Esta estação fluviométrica representa uma área de drenagem máxima de 549 km^2 em comparação com outras duas estações fluviométricas. Os dados de descarga de 1989 a 1996 são utilizados no estudo (Quadro 3.11) e a estação fluviométrica está atualmente abandonada.

Quitação de janeiro a junho

O mês de junho registou a maior descarga média, seguido de maio durante o período de 1989-96 e a menor durante fevereiro. Os dados de descarga média de 1994-96 mostram uma tendência de aumento quando comparados com os dados de 1989-93. Em novembro registou-se a descarga máxima, seguida de outubro e a mais baixa em dezembro. Os dados médios do intervalo de 1994-96 mostram uma tendência de aumento quando comparados com os de 1989-93.

Quadro 3.11: Dados relativos à descarga média (Mm^3) de Anachal

Month	1982-90	1991-98	1989-93	1994-98
January	2.65	30.86	2.68	59.03
February	0.37	26.50	0.91	51.91
March	1.43	36.66	2.31	59.26
April	1.49	41.52	4.27	77.84
May	10.10	63.29	16.42	105.94
June	51.08	168.16	129.74	154.14
July	66.91	30.86	118.95	172.31
August	30.64	26.50	50.55	185.56
Sept.	32.31	36.66	37.16	178.94
October	56.98	41.52	129.09	197.55
November	59.72	63.29	124.13	262.86
December	6.50	168.16	16.29	120.36

As estações fluviométricas de Valayanki e Mylamoodu foram estabelecidas em 1982 e as de Anachal em 1989. As estações de Valayanki e Mylamoodu registaram um caudal muito elevado durante o mês de junho de 1991, o que pode dever-se às graves inundações ocorridas em VRB. O Estado de Kerala registou grandes inundações em junho de 1991.

Relação entre precipitação e descarga

A descarga na secção transversal do rio depende principalmente da precipitação, da infiltração e do declive. Para estudar a relação entre a descarga e a precipitação, foram tomados os valores médios de precipitação e de descarga do VRGS. Os valores médios da precipitação e da descarga foram obtidos em 1982-88, 1982-90, 1991-98, 1984-88, 1989-93 e 1994-98. O VRGS está situado a cerca de 1,75 km do VRS.

Valayanki - Valores médios de junho

O mês de junho regista uma elevada precipitação devido ao início da monção tropical SW e durante o mês de junho perde-se muita água através da descarga dos cursos de água (Quadro 3.12)

Quadro 3.12: Valor médio da precipitação e do caudal, Valayanki - junho

Period	Rainfall (R)	Discharge (D)	Discharge Constant
1982-98	391.40	26.05	15.02
1982-90	367.50	21.04	17.47
1991-98	505.44	26.29	19.23
1984-88	294.00	15.72	18.72
1989-93	691.20	56.74	12.18
1994-98	298.50	16.21	18.41

A Tabela 3.12 revela que existe uma relação direta entre a precipitação e a descarga, quando a precipitação aumenta, a descarga também aumenta.

ou seja, Precipitação ∞ Descarga; Precipitação = K $\times$ Descarga, onde 'K' é uma constante e pode ser chamada de constante de descarga. Precipitação / Descarga = K. O rácio precipitação / descarga varia geralmente entre 12 e 20. Neste caso, o rácio médio precipitação-descarga é

$$K = \frac{15.02 + 17.47 + 19.23 + 18.72 + 12.18 + 18.41}{6}$$

$$= \frac{101.03}{6} = 16.87$$

Neste caso, R = 16,87 D; por conseguinte, $K_{1}=16,87$; $R_{1}=16,87$ D1 (Joji et al, 2001b)

Valayanki - Valores médios de outubro

O mês de outubro recebeu a precipitação máxima entre o período de julho e dezembro. Os valores médios de precipitação e descarga durante o mês de outubro estão compilados (Tabela 3.13).

Tabela: 3.13 Valor médio da precipitação e do caudal, Valayanki - outubro

Period	Rainfall (R)	Discharge (D)	Discharge Constant
1982-98	463.5	23.71	19.55
1982-90	371.62	21.30	17.45
1991-98	622.81	52.49	11.86
1984-88	339.40	22.36	15.18
1989-93	596.60	41.70	14.31
1994-98	603.70	22.36	26.99

Here, K_{2}= 17.56, and R_{2}= 17.56 D2.

Valayanki- agosto Valores médios

O mês de agosto representa o período pós-monção (SW) com descargas de água distintas. Os valores médios de precipitação e descarga estão tabelados (Tabela 3.14).

Quadro 3.14: Valor médio da precipitação e do caudal, Valayanki - agosto

Period	Rainfall (R)	Discharge (D)	Discharge Constant
1982-98	281.05	20.69	13.58
1982-90	260.01	19.52	13.32
1991-98	307.06	22.85	13.44
1984-88	279.10	17.68	15.79
1989-93	225.40	24.78	15.79
1994-98	344.90	17.68	19.51

Aqui K_{3}= 14.10, e R_{3}= 14.10 D3

Se R_{1}, R_{2} e R3 representam os valores da precipitação em Valayanki para os meses de junho, outubro e agosto, então R1 =16.84 D1; $R_{2}=17.56$ D2 e $R_{3}=14.1$ D3

D1, D2 e D3 representam os valores de descarga para junho, outubro e agosto, respetivamente. Aqui, R1 / D1 = 16,84 = K1; R2 / D2 =17,56 = K2

R3/D3 = 14,1 = K_{3}. Assim, o valor médio de K é dado por K= (16,84 + 17,56 + 14,1) / 3 = 16.16. R= 16.16 D

Os dados pré-monção não são utilizados para o estudo, uma vez que a precipitação e a descarga variam de ano para ano e a relação pode não corresponder às condições reais no terreno.

Descarga e Infiltração

A água que entra no solo à superfície é designada por infiltração. A água que entra no solo à superfície do solo é designada por infiltração, que repõe a humidade deficiente do solo e o excesso desloca-se para baixo, pela força da gravidade, designada por infiltração profunda ou percolação, e forma o lençol freático. A taxa máxima a que o solo, num determinado estado, é capaz de absorver água designa-se por capacidade de infiltração (f_p). A infiltração (f) começa frequentemente a uma taxa elevada (20 a 25 cm hr^{-1}) e diminui para uma taxa relativamente estável (f_c) à medida que a chuva continua, designada por fp final (= 1,25 a 2,0 cm hr^{-1}). A taxa de infiltração (f) em qualquer momento t é dada pela equação de Horton.

$$f = fc + (fo - fc)\, e^{-kt}$$

Onde: fo = taxa inicial de capacidade de infiltração

fc = taxa final constante de infiltração à saturação

k = uma constante que depende essencialmente do solo e da vegetação

e = base do logaritmo napieriano t = tempo desde o início da tempestade

A infiltração depende da intensidade e da duração da precipitação, da temperatura, das características do solo, da cobertura vegetal, da utilização/ocupação do solo, do teor de humidade inicial do solo (humidade inicial), do ar retido e da profundidade do lençol freático. O coberto vegetal proporciona proteção contra o impacto das gotas de chuva e ajuda a aumentar a infiltração.

Existe uma relação inversa com a infiltração. Quando se verifica uma maior infiltração, mais água será recarregada para o lençol freático e menor será a quantidade de água que será descarregada para os cursos de água. A infiltração e a recarga dependem do carácter e da espessura dos leitos sobrejacentes, da topografia, da vegetação, do padrão de utilização do solo, do teor de humidade do solo, da profundidade do lençol freático e das massas de água empoleiradas, da intensidade e duração da precipitação, da ocorrência de neve e gelo, da temperatura, da humidade e do vento (Walton, 1970).

Aqui, Descarga $<x$ 1 / Infiltração

Descarga e declive do terreno

A sobreposição do mapa de contorno e do mapa de drenagem com as estações fluviométricas indica que a estação pluviométrica de Mylamoodu está situada num local com um declive menor do que a estação pluviométrica de Valayanki. Para conhecer a relação entre a descarga e o declive do terreno, comparam-se os valores de descarga de Mylamoodu e Valayanki (quadros 3.15 e 3.16)

Quadro 3.15: Valores do caudal (Mm^3) da estação fluviométrica de Valayanki

Month	82-83	84-88	89-93	94-98	Mean
January	2.33	3.17	5.63	3.35	3.62
February	0.97	2.14	1.97	2.38	1.86
March	0.83	1.44	1.73	2.19	1.55
April	1.06	1.90	2.17	4.29	2.35
May	2.74	2.76	5.38	9.22	5.03
June	15.54	15.72	56.74	16.21	26.05
July	21.62	16.13	49.88	16.13	25.94
August	22.65	17.68	24.78	17.68	20.69
September	16.06	18.61	20.20	18.61	18.37
October	8.41	22.36	41.70	22.36	23.71
November	10.51	10.18	37.89	10.18	17.19
December	3.41	4.87	4.59	4.87	4.44

Quadro 3.16: Valores do caudal (Mm^3) da estação fluviométrica de Mylamoodu

Month	82-83	84-88	89-93	94-98	Mean
January	0.09	0.66	0.27	1.24	0.56
February		0.41	0.12	1.22	0.58
March	0.25	0.40	0.06	0.62	0.33
April	0.10	1.91	0.05	1.46	0.88
May	1.79	0.88	1.96	4.30	2.23
June	8.63	10.84	21.62	8.85	12.49
July	6.41	12.39	20.59	14.19	13.40
August	8.87	8.68	7.80	21.18	11.64
September	9.90	9.76	4.78	20.86	11.33
October	3.60	11.06	19.44	31.26	16.34
November	5.28	6.66	20.64	14.76	11.84
December	1.01	1.87	1.65	4.11	2.16

A comparação dos valores de descarga indica que quase todos os dados de descarga de Valayanki são mais elevados do que os de Mylamoodu. Uma das razões importantes é a inclinação do terreno. Assim, observa-se uma relação direta entre a descarga e o declive. ∴ Descarga ∞ declive.

Capítulo 4

Cenário das águas subterrâneas

A água sub-superficial encontrada na zona de saturação constitui a água subterrânea, a água freática, a água subterrânea ou a água sub-terrana e constitui uma parte do ciclo hidrológico (Todd, 1980) e é um dos recursos renováveis. Um quinto de toda a água utilizada no mundo provém de recursos hídricos subterrâneos (Raghunath, 1982).

Estudo quantitativo

Para efetuar o estudo quantitativo das águas subterrâneas, foram utilizados dados sobre a profundidade do lençol freático (DWT) de 18 poços de observação (OBWs) / estações de monitorização de águas subterrâneas. Alguns OBWs com dados de 1991 em diante, uma vez que estes OBWs só foram estabelecidos depois de 1990. Os dados DWT de 19 anos são utilizados para o estudo de 1979 a 1997. Os dados DWT de abril (Pré-monção-SW) e agosto (Pós-monção-SW), novembro e janeiro foram analisados para o estudo quantitativo.

Um poço é um dispositivo de extração de água subterrânea (Walton, 1970). Os poços da VRB podem ser classificados com base nas características estruturais, no método de construção e na utilização pretendida nas seguintes categorias: poço escavado / poço escavado aberto, poço perfurado, poço escavado com furo e poço tubular. O poço escavado é um poço aberto, escavado ou afundado a partir do nível do solo no aquífero e pode ser circular ou retangular em secção transversal com paredes revestidas ou não revestidas e são circulares com paredes de parapeito. Os poços escavados são poços abertos escavados que são perfurados no fundo e nos lados para alcançar aquíferos mais profundos e aumentar o rendimento. O poço perfurado é um furo de pequeno diâmetro feito na terra com uma máquina de perfuração. Os poços construídos em formações soltas não consolidadas, através da instalação de um conjunto de tubos metálicos ou não metálicos e de ecrãs a todo o comprimento, são designados por poços tubulares (poços telescópicos). Os poços tubulares pouco profundos são utilizados para a exploração de leitos arenosos costeiros e de aluviões costeiros e são designados por poços de ponto de filtragem.

Os OBWs seleccionados no VRB são distribuídos aleatoriamente e a seleção dos OBWs depende de determinados critérios. Estes devem estar em boas condições, com um diâmetro pequeno, possuir uma parede de parapeito para medições exactas e o aquífero explorado no poço deve ser identificável, não deve ser utilizado constantemente, deve ser perene e não deve ter cavernas no fundo e deve ser sempre acessível (Karanth, 1987) e um poço de observação representa a geologia da área circundante com uma forma circular. Os pormenores de localização dos poços de observação estão representados na Fig.4.1.

Fig. 4.1: Poços de observação na bacia hidrográfica do rio Vamanapuram

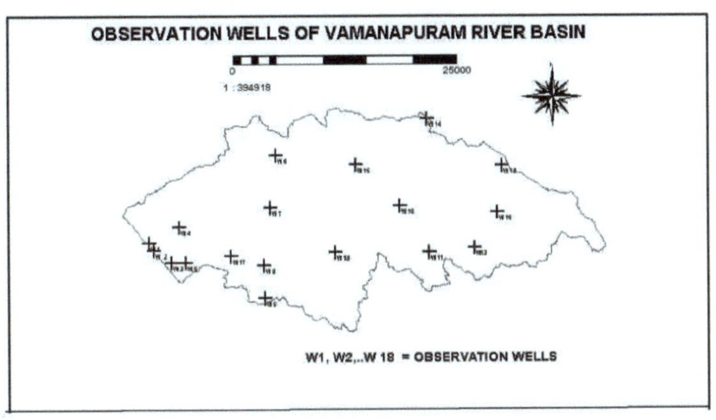

Tabela 4.1: Dimensão dos poços OBWs em VRB

OBW Location & ID	Depth, mbmp	Dia., m	MP, mbmp	OBW Location & ID	Depth, mbmp	Dia., m	Mp, mbmp
Kadakkavoor, W1	15.29	1.70	1.10	Palode, W10	4.40	1.85	0.80
Anjengo, W2	3.00	0.83	0.45	Vidura, W11	10.04	1.80	1.10
Chirayinkil, W3	13.58	1.70	0.65	*Ponmudi, W12	11.23	2.28	0.78
Attingal, W4	15.00	3.40	0.85	*Maruthamoola, W13	2.90	1.55	0.48
Korani, W5	10.40	1.60	0.80	*Madathara, W14	10.23	1.95	0.74
Kilimanoor, W6	14.90	1.90	1.00	*Pangode, W15	8.31	1.60	0.65
Vamanapuram, W7	10.40	1.48	0.81	*Kallar, W16	9.47	1.37	0.84
Pirappancode, W8	8.62	1.80	0.80	Pothencode, W17	13.39	1.50	0.82
*Perungur, W9	9.51	1.30	0.80	* Panavoor, W18	3.66	2.96	0.50

Geologia, litologia e aquífero

A geologia dos locais onde se encontram as OBWs é aluvião costeiro (W2), leitos de Warkali (W1 e W3), preenchimento de vales (W12) e metamórfico arqueano (OBWs exceto W1, W2, W3 e W12). As litologias identificadas são arenito (W1), areia (W2), laterite (W3), gnaisse (W10), preenchimentos de vale de todos os tipos (W12) e khondalite para todos os outros. Entre as dezoito OBWs, quinze têm como aquífero a formação laterítica. Outros com aluvião costeiro (W2), preenchimento de vales (W12) e rocha cristalina (W13).

Estudos de profundidade do lençol freático (DWT)

Foram estudadas as DWT durante abril (SW Pré-monção), agosto (SW Pós-monção), novembro e janeiro (NE Pós-monção) de 1979 a 1997. Os estudos de profundidade do lençol freático nas OBWs revelam que a maioria das OBWs apresenta um declínio do lençol freático. A subida do nível freático em W2, W4, W12 e W14. A natureza da DWT indica que, na bacia, a descarga de águas subterrâneas é superior à recarga. A variação de DWT em OBWs para diferentes estações (abril e agosto) está compilada (Tabela 4.2)

Tabela: 4.2: A variação da profundidade do lençol freático (DWT) em VRB para diferentes estações do ano

OBW ID	DWT April		DWT August		OBW ID	DWT April		DWT August	
	Low	High	Low	High		Low	High	Low	High
W1	4.1	14.4	14.31	12.8	W10	1.61	8.72	0.94	3.63
W2	0.70	2.45	0.48	1.21	W11	7.92	10.16	5.65	8.79
W3	8.99	12.96	6.27	13.80	W12	1.28	1.9	1.76	1.1
W4	9.48	13.46	8.05	13.06	W13	7.01	9.49	6.06	7.18
W5	6.84	9.4	5.89	6.7	W14	4.63	6.35	3.7	5.07
W6	3.36	7.19	2.06	5.36	W15	5.3	7.05	4.75	4.95
W7	2.2	7.82	1.03	5.12	W16	3.11	6.98	1.83	4.33
W8	6.4	7.52	4.24	8.47	W17	10.1	11.5	8.44	10.6
W9	1.6	3.56	1.07	3.01	W18	1.75	2.55	1.63	2.02

Os pormenores da média e da tendência do DWT são compilados (Quadro 4.3)

Tabela 4.3: Análise pormenorizada da DWT dos OBWs no VRB - Valores médios

OBW	Geomorphic unit	Period	1979-82	1983-87	1988-92	1993-97	Total average	DWT
W1	Coastal Plain	April	13.94	14.14	13.91	13.20	13.73	Deep
		Aug	13.60	13.59	12.93	13.11	13.41	Deep
		Nov	12.94	13.65	13.06	13.20	12.36	Deep
		Jan	13.45	13.79	13.52	13.29	13.51	Deep
W2	Coastal Plain	April		1.74	1.39	1.40	1.51	Shallow
		Aug		0.84	1.10	1.00	0.98	Shallow
		Nov		1.59	0.91	0.74	1.10	Shallow
		Jan		1.33	1.45	1.28	1.35	Shallow
W3	Coastal Plain	April	11.97	11.12	9.84	10.59	10.94	Deep
		Aug	8.16	9.44	10.06	8.28	8.91	Deep
		Nov	8.32	9.53	7.55	7.05	7.95	Deep
		Jan	9.42	9.51	9.28	8.79	9.19	Deep
W4	Coastal Plain	April	12.35	12.11	11.87	11.58	11.97	Deep
		Aug	9.88	10.72	9.15	9.39	9.80	Deep
		Nov	9.81	10.65	8.36	8.12	9.26	Deep
		Jan	10.14	11.34	11.34	9.49	10.17	Deep
W5	Coastal Plain	April	7.05	7.88	7.16	7.48	7.42	Deep
		Aug	6.26	6.40	6.25	6.28	6.30	Medium
		Nov	5.12	6.42	5.65	4.94	5.56	Medium
		Jan	5.78	6.64	6.70	6.36	6.35	Medium
W6	Side slope, S1	April	5.96	5.70	7.83	6.05	6.24	Medium
		Aug	4.54	4.00	4.89	4.96	4.60	Medium
		Nov	4.23	4.40	5.36	4.26	4.67	Medium
		Jan	6.11	5.78	5.69	5.77	5.81	Medium
W7	Side slope, S1	April	5.69	5.78	4.33	3.52	4.58	Medium
		Aug	1.56	1.91	2.87	2.00	2.08	Shallow
		Nov	3.27	2.15	1.48	1.58	1.67	Shallow
		Jan	4.04	4.50	3.77	2.84	3.64	Shallow
W8	Flood plain	April	6.80	6.81	6.96	7.02	6.90	Medium
		Aug	4.88	6.96	5.05	5.38	5.71	Medium
		Nov		6.02	4.69	4.25	4.88	Medium
		Jan	5.78	6.76	5.84	5.66	5.99	Medium
W9	Side slope, S1	April	1.83	2.27	1.86	1.86	1.95	Shallow
		Aug	1.44	1.67	1.61	1.36	1.51	Shallow
		Nov	1.06	1.68	1.11	1.12	1.24	Shallow
		Jan	1.62	2.38	1.72	1.35	1.68	Shallow
W10	Side slope, S2	April	5.25	7.79	3.51	5.37	5.81	Medium
		Aug	2.30	3.33	2.44	3.52	3.13	Shallow
		Nov	3.38	2.64	1.41	2.90	2.33	Shallow
		Jan		3.50	1.72	3.91	3.17	Shallow
W11	Side slope, S3	April	9.26	9.19	8.81	9.60	9.32	Deep
		Aug	6.68	7.41	7.66	7.63	7.47	Medium
		Nov	7.42	6.43	3.46	7.00	5.67	Deep
		Jan	9.06	8.81	3.74	9.42	7.62	Deep

			79-82	83-87	88-92	93-97	Total average	DWT
W12	Hilly area	April		1.77	1.69	1.49	1.62	Shallow
		Aug		1.39	1.33	1.21	1.31	Shallow
		Nov		1.16	1.18	1.16	1.16	Shallow
		Jan		1.48	1.66	1.55	1.57	Shallow
W13	Side slope, S3	April		8.32	8.50	8.52	8.44	Deep
		Aug		6.95	6.34	6.48	6.53	Medium
		Nov		5.80	5.63	5.04	5.49	Medium
		Jan		7.39	7.34	7.23	7.32	Medium
W14	Hilly area	April	4.94	6.25	5.97	5.17	5.50	Medium
		Aug	4.13	5.05	4.56	4.40	4	Shallow
		Nov	4.66	5.51	4.70	4.56	6.30	Medium
		Jan	4.87	5.05	5.15	4.83	5.00	Medium
W15	Side slope, S1	April			7.05	6.33	6.69	Medium
		Aug			4.75	4.90	4.34	Medium
		Nov			4.62	4.27	4.02	Medium
		Jan			0.00	4.91	4.91	Medium
W16	Hilly area	April			5.68	4.39	4.76	Medium
		Aug			3.76	3.43	3.54	Shallow
		Nov			3.45	2.90	3.13	Shallow
		Jan			4.04	4.17	4.15	Medium
W17	Side slope, S1	April			11.31	10.84	10.08	Deep
		Aug			8.88	7.47	9.25	Deep
		Nov			7.47	7.33	7.36	Deep
		Jan				9.16	9.16	Deep
W18	Side slope, S1	April			2.55	1.962	2.26	Shallow
		Aug			1.63	1.8175	1.72	Shallow
		Nov			1.74	1.7075	1.72	Shallow
		Jan				1.894	1.89	Shallow

A DWT é muito pouco profunda no caso da OBW com aluviões costeiros, onde a flutuação é muito pequena (W2). No caso da OBW de Ponmudi, a DWT é muito pouco profunda e a flutuação não é percetível. Este facto deve-se à presença de material de enchimento do vale como material aquífero. Além disso, está situada na FOSB. As OBWs em Perungur, Ponmudi, Madathara, Pangode, Kallar e Panavoor têm um DWT pouco profundo a médio e a flutuação é pequena. Isto deve-se à sua presença em FOSBs, onde muitos afluentes contribuem com água para o sistema de águas subterrâneas como recarga, e a densidade de drenagem é elevada nestas áreas. A DWT é profunda para a OBW de Maruthamoola e a flutuação para as diferentes estações é elevada. A razão básica para este comportamento anómalo desta OBW, apesar da sua presença na FOSB, deve-se à presença de rocha cristalina como material aquífero (aquífero). O DWT para diferentes litologias das OBWs em VRB está compilado (Tabela 4.4)

Tabela 4.4: A DWT para diferentes litologias dos OBWs

	Sand	Sandstone	Laterite	Gneiss	Khondalite
Pre-monsoon	0.70-2.45	4.08-14.40	8.99-12.96	1.61-8.90	1.90-13.46
Post-monsoon	0.48-1.21	12.77-14.31	6.27-10.36	0.64-3.59	1.03-13.06

Para conhecer o DWT e o seu comportamento em relação às FOSBs e ao relevo, foi realizada uma investigação de campo em setembro de 2002 e monitorizados 30 poços escavados perenes, estando os dados compilados (Tabela 4.5). Os OBWs em FOSBs, planícies de inundação, enchimento de vales, encostas laterais, S1 (declive inferior a 5°) são zonas potenciais com DWT superficial a médio.

Quadro 4.5: Pormenores dos OBW monitorizados durante os meses de setembro de 2002

#	Location	MP, mbgl	Dia. m	DWT mbgl	Depth mbgl	Geology	Aquifer	Landform	DWT
1	Kadakkavoor	0.645	1.43	0.855	2.765	RA	sand	Floodplain	Shallow
2	Kadakkavoor	0.66	1.06	.56	2.32	RA	sand	Floodplain	Shallow
3	Kulamuttam	0.67	1.30	4.51	6.46	Laterite	Laterite	Slope, S1	Medium
4	Kulamuttam	0.73	1.47	3.37	6.59	Laterite	Laterite	Slope, S1	Shallow
5	Venjaramoodu	0.54	1.87	4.6	8.34	Laterite	Laterite	Slope, S1	Medium
6	Venjaramoodu	0.50	1.32	3.7	6.54	Laterite	Laterite	Slope, S1	Medium
7	Valiyakunnu	0.88	1.66	9.40	11.67	Laterite	Laterite	Linear ridge	Deep
8	Valiyakunnu	0.94	1.59	11.18	12.86	Laterite	Laterite	Linear ridge	Deep
9	Gramathummuk	0.73	1.18	7.37	8.07	Laterite	Laterite	Slope, S1	Deep
10	Gramathummuk	0.73	1.415	6.27	7.88	Laterite	Laterite	Slope, S1	Medium
11	Kilimanoor	0.60	1.70	3.87	6.67	Laterite	Laterite	Slope, S1	Shallow
12	Kilimanoor	0.73	1.08	5.1	6.27	Laterite	Laterite	Slope, S1	Medium
13	Pangode	1.14	1.93	5.79	8.46	Laterite	Laterite	Slope, S1	Medium
14	Pangode	0.49	1.44	4.71	5.91	Laterite	Laterite	Slope, S1	Medium
15	Palode	0.87	1.97	7.26	8.66	Laterite	Laterite	Slope, S2	Deep
16	Palode	0.86	1.46	8.63	9.02	Laterite	Laterite	Slope, S2	Deep
17	Erimbupalam	0.64	1.41	7.70	8.23	Hard rock	Massive Rock	Slope, S2	Deep
18	Erimbupalam	0.77	1.58	9.28	10.08	Hard rock	Massive Rock	Slope, S2	Deep
19	Vanchuvam	0.67	0.67	4.2	5.66	Hard rock	Fractured Rock	Slope, S2	Medium
20	Vanchuvam	0.87	1.30	1.69	3.08	RA	Sand	Valley fill	Shallow
21	Kallar	0.74	1.74	4.91	5.99	RA	Sand and gravel	Valley fill	Medium
22	Kallar	0.78	1.72	5.24	6.32	RA	Sand and gravel	Valley fill	Medium
23	Nellanadkuttara	0.61	1.05	2.39	4.03	Hard rock	Massive rock	Slope, S1	Shallow
24	Nellanadkuttara	0.87	1.60	5.98	4.4	Hard rock	Massive rock	Slope, S1	Medium
25	Perumkur	0.69	2.00	4.89	6.68	Laterite	Laterite	Slope, S1	Medium
26	Perumkur	0.69	1.87	3.28	6.29	RA	Sand	Valley fill	Shallow
27	Vellanchira	0.51	2.29	3.57	5.71	RA	Laterite	Slope, S1	Shallow
28	Vellanchira	0.51	1.06	1.42	4.38	RA	Sand	Valley fill	Shallow
29	Pattattil	0.82	1.03	3.21	6.13	RA	Sand	Valley fill	Shallow
30	Pattattil	0.75	1.38	5.23	7.01	Laterite	Laterite	Slope, S1	Medium

RA - Riverine alluvium

Os resultados do presente estudo propuseram sugerir uma classificação para o DWT no VRB (Tabela 4.6) e os mapas de nível de água são compilados (Fig. 4.2 & 4.3).

Tabela 4.6: Classificação da profundidade do lençol freático (DWT)

#	Type of DWT	DWT, mbgl
1	Shallow (Micro)	0 - 4
2	Medium (Meso)	4 - 7
3	Deep (Macro)	>7

Fig. 4.2: Mapa da profundidade do lençol freático em VRB (Pré-monção)

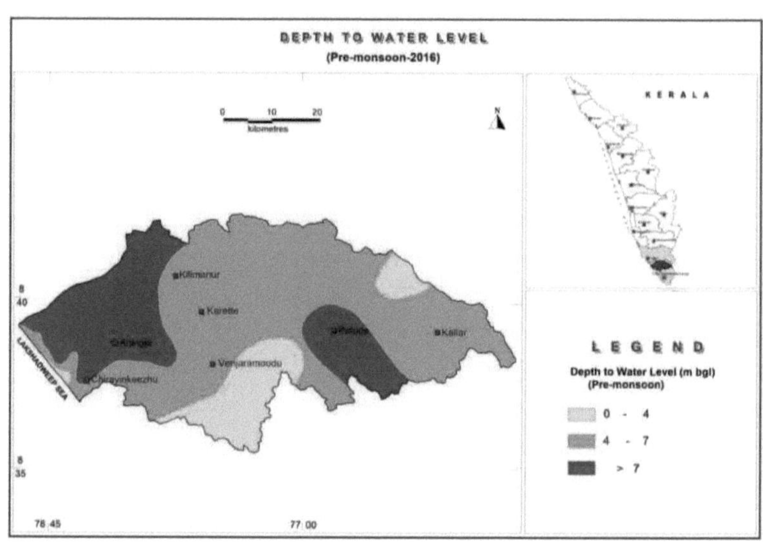

Fig. 4.3: Mapa da profundidade do lençol freático em VRB (Pós-monção)

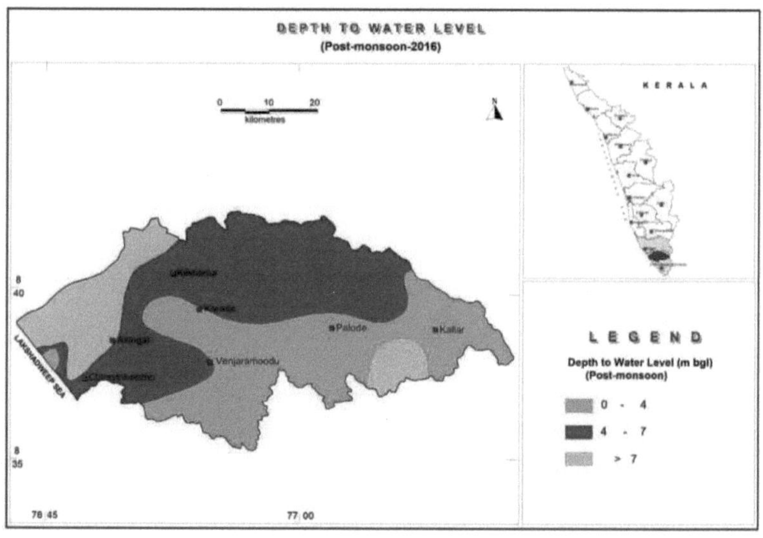

Springs

Uma nascente é um escoadouro natural através do qual a água subterrânea emana à superfície do solo como descarga concentrada de um aquífero e a taxa de descarga de uma nascente depende da taxa de precipitação / queda de neve ou outra acumulação de água na área, da dimensão da área de recarga acima da mesma, da geologia e geomorfologia da área, da geometria do aquífero e dos parâmetros do aquífero; a relação entre a taxa de diminuição e o aumento da descarga com o tempo (estações seca e húmida) depende

48

principalmente das características de armazenamento (Storativity) e da geometria do aquífero / extensão da área (Bhar, 1991). Bryan (1919) classificou todas as nascentes em nascentes gravitacionais e não gravitacionais, mas Meinzer (1923) classificou as nascentes com base na sua descarga (Quadro 4.7).

Quadro 4.7: Classificação das molas

Magnitude	Mean discharge
First	>10 m³/s
Second	1-10m³/s
Third	0.1-1 m³/s
Fourth	10-100 l/s
Fifth	1-10l/s
Sixth	0.1-1l/s
Seventh	10-100ml/s
Eight	<10ml/s

(Meinzer, 1923)

Existem duas nascentes investigadas perto de Ponmudi em VRB e ambas são de carácter perene. Os níveis reduzidos destas nascentes são de 700 e 800 m acima do nível do mar (Anon[8], 1988). As descargas de verão destas nascentes são de 32 lpm (0,53 lps). Assim, estas nascentes podem ser classificadas como nascentes de sexta ordem de Meinzer e as características importantes são compiladas (Quadro 4.8).

Quadro 4.8: Características importantes das molas em VRB

	Spring No.1	Spring No.1
Place Name	Ponmudi	Ponmudi
Nearest town	Ponmudi	Ponmudi
App. Reduced level	700 m	800 m
Land use around the spring	Forest	Tourist resorts
Perenniality	Perennial	Perennial
Summer discharge (lpm)	32	32
Water quality	Potable	Potable
Type of use	Irrigation for down	Irrigation for down
Storage structure any	Natural pond	Nil
Future possibility	Can be better used	Can be better used

(Modified after Anon[8], 1995)

Poços de perfuração (BWs)

Existem seis bacias hidrográficas investigadas em VRB. O estabelecimento de BWs ajuda a estudar a espessura e a extensão da área de vários tipos de rocha, a determinar os parâmetros do aquífero e a sua variação no tempo e no espaço, a compreender a qualidade da água subterrânea no tempo e no espaço, a compreender a conceção de poços em diferentes formações e a geometria de aquíferos superficiais e profundos.

Os pormenores sobre as BW foram obtidos após a realização do Aquifer Performance Test (APT). Seis BWs investigados estão situados em Vembayam, Vidura, Korani, Chembur, Vamanapuram e Thottakkad (Fig.4.4). As BWs de Vembayam e Vidura estão situadas em FOSBs de 20 e 16, respetivamente. As bacias hidrográficas de Korani e Chembur estão situadas em sub-bacias de quinta ordem, mas a bacia hidrográfica de Vamanapuram está situada muito perto de um curso de água de ordem 7th. A BW de Thottakkad está situada mais perto de um curso de água de segunda ordem da sub-bacia de terceira ordem.

49

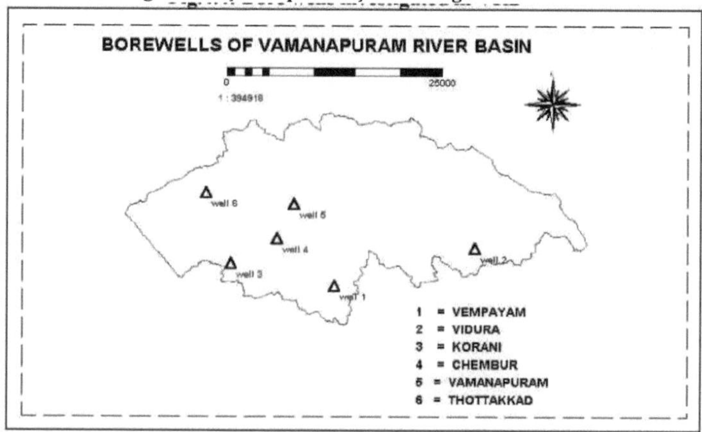

Fig.4.4: Poços de perfuração investigados em VRB

A descarga de BW em Vembayam durante a perfuração foi de 2,4 lps e a sua geologia é laterítica (Sub-Recente) e Khondalite (Arqueano). O registo geofísico revelou que a formação maciça com valores de resistividade superiores a 800 ohm. metro e intemperizada com menos de 100 ohms. metro e fracturada com valores entre 100 e 300 ohms. metro. O Teste de Desempenho do Aquífero (APT) revelou que a capacidade específica (C) do poço é de 1,84 lpm/m. A transmissividade (T) foi calculada em 0,93 m^2 / dia, utilizando o método de recuperação de Theis e o gráfico Time- Drawdown pelo método de Jacob (Todd, 1980). A equação utilizada para o cálculo é a seguinte

$$T = \frac{2,3 \, Q}{4\pi \, \Delta S}$$

onde T é a transmissividade em m^2/dia, Q é a descarga em m^3/dia e ΔS- Draw down em metros (Todd, 1980). A água é adequada para fins domésticos e não domésticos.

A litologia do BW em Vidura é a mesma que a de Vembayam. O C do poço é de 1,06 lpm/m, os valores de T calculados pelos métodos de recuperação de Jacob e Theis são de 0,88 m^2 /dia e 0,99 m^2 /dia, respetivamente, e a água é adequada para fins domésticos e não domésticos.

A litologia encontrada em Korani durante a perfuração é laterite, argila, Khondalites e Charnockites. Este BW tem o valor mais elevado de T de 9,03 m^2 /dia e o valor mais elevado de capacidade específica de 12,70 lpm/m. A descarga da água do poço é mais elevada aqui. A água do poço é adequada para fins domésticos e não domésticos.

As litologias encontradas em Chembur durante a perfuração são laterite e Khondalite. Os valores são 1,17 e 1,14 m^2 / dia pelos métodos de recuperação de Jacob e Theis, respetivamente. A descarga é de 81,17 m^3 / dia e a capacidade específica é de 2,33 lpm/m.

A descarga do BW em Vamanapuram durante o desenvolvimento foi de 8,4 lps. O tipo de rocha encontrado foi Khondalite e sobreposto por laterite. A capacidade específica calculada é de 7,8 lpm / m e os valores de T são de 4,55 e 4,40 m^2 /dia pelos métodos de recuperação de Jacob e Theis, respetivamente. Como a água do poço tem um elevado teor de flúor, que está acima do limite admissível, não é adequada para beber.

A descarga do BW em Thottakkad após o desenvolvimento foi de 0,5 litros por segundo (lps) e a litologia encontrada foi Khondalite. Como o rendimento do poço era muito fraco, os parâmetros do aquífero não foram calculados. A água é adequada para beber e para fins domésticos.

O estudo revela que a produção de BW não mostra qualquer relação direta com a frequência de

50

drenagem. A intersecção de lineamentos é o melhor local para os BWs e o rendimento dos BWs em qualquer uma das direcções pode ser fraco se as fracturas forem apertadas e cisalhadas, o rendimento depende da história tectónica (Anon[8], 1989).

A Tabela 4.9 estabelece que a taxa de descarga é diretamente proporcional à transmissividade e à capacidade específica, mas uma relação inversa para a espessura saturada do aquífero (rebaixamento). Assim,

Taxa de descarga, Q ∞ Transmissividade, T

∞ Capacidade específica, C

∞ 1/ espessura saturada do aquífero, t.

Tabela 4.9: Resultados do teste de desempenho do aquífero em poços perfurados

Borewell	Discharge (lpm)	*Transmissivity m²/ day	Specific Capacity lpm/m	Drawdown (m)
Vembayam	60.00	0.93	1.84	32.48
Vidura	56.40	0.88	1.06	53.20
Korani	240.00	9.03	12.70	18.89
Chembur	56.30	1.17	2.33	24.19
Vamanapuram	195.16	5.30	7.80	18.16

Jacob's method

Contornos do lençol freático

O mapa do lençol freático contém os contornos do lençol freático (Fig.4.5). Os contornos reduzidos do lençol freático são desenhados em intervalos pelo método de triangulação e divisão. Contorno do lençol freático
é um mapa da superfície superior da zona saturada. É uma representação gráfica das relações de equilíbrio entre as velocidades, as propriedades hidráulicas dos materiais que contêm água e a inclinação do nível freático da água livre. O contorno convexo indica a área de recarga e o contorno côncavo indica a área de descarga (Tolman, 1937). Um mapa de contorno do lençol freático é construído a partir da medição da DWT em poços a partir da superfície do solo, com a ajuda dos quais são traçados contornos que ligam pontos de igual elevação do lençol freático. Estas formas são básicas para estudos de direção e velocidade de movimento da água livre. A direção geral do fluxo pode ser mostrada nos mapas de contorno do lençol freático. No mapa de curvas de nível do lençol freático, as curvas de nível não são equidistantes. Estas indicam que o fluxo não é uniforme em todo o lado e que a direção do fluxo varia. As curvas de nível do lençol freático muito espaçadas indicam gradientes acentuados e, por sua vez, mostram uma área de baixa condutividade hidráulica, enquanto outros locais onde as curvas de nível estão muito espaçadas indicam um gradiente suave com maior condutividade hidráulica.

Fig.4.5: Um mapa de contorno típico do lençol freático

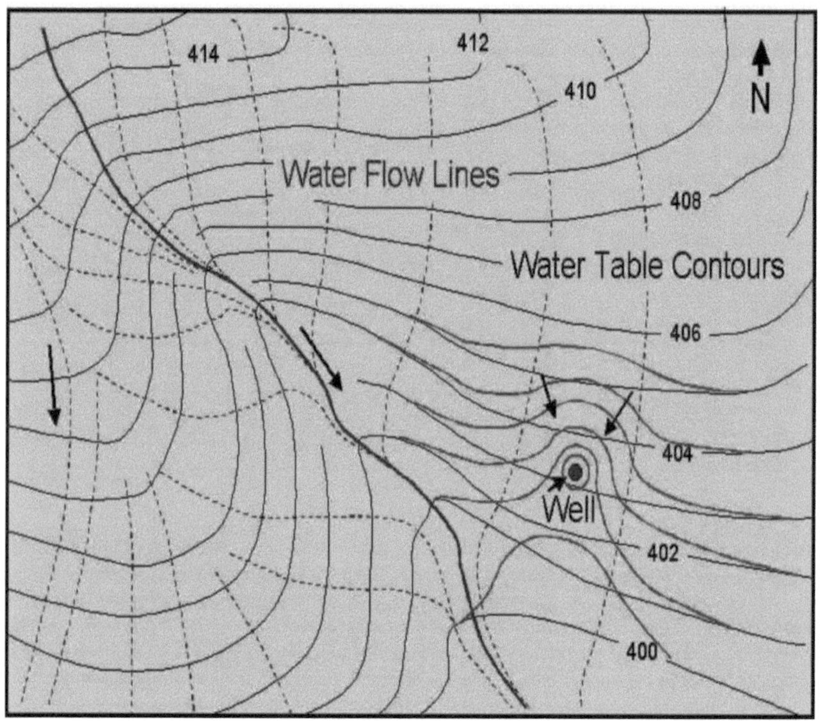

A maior parte da área tem uma profundidade do lençol freático rasa (0-4 mbgl) a média (4-7 mbgl) e é seguida por um lençol freático profundo (mais de 7 mbgl) nas áreas NW e SE da bacia.

Uma leitura atenta permitiu chegar a várias conclusões

1. Os contornos mais baixos do nível freático ocorrem na parte ocidental da VRB nos locais dos poços de observação de Kadakkavoor, Anjengo, Cherenkov, Attingal e Korani.

2. Os contornos mais elevados do lençol freático ocorrem nas porções leste e nordeste dos poços de observação de Kallar, Ponmudi e Madathara.

3. As linhas de fluxo foram traçadas perpendicularmente às curvas de nível e as linhas de fluxo estão orientadas para WNW, NNW, W, SW e SSW e a direção geral do fluxo é para oeste.

4. as áreas de recarga de água subterrânea são vistas nas localizações dos poços de Pothencode, Attingal, Vidura e Pentode (contornos convexos)

5. as zonas de descarga de águas subterrâneas são observadas nas localizações dos poços de Maruthamoola, Palode, Pirappancode e Perungur (contornos côncavos).

6. os contornos do lençol freático estão igualmente espaçados em algumas regiões, indicando que a condutividade hidráulica dos aquíferos é relativamente boa nessas regiões.

7. as direcções de fluxo das águas subterrâneas na margem direita do VRB são W, NNW e WNW

8. As direcções de fluxo das águas subterrâneas na margem esquerda do VRB são SW e SWW.

9. O local adequado para a localização de novos poços é a parte ocidental da VRB.

10. a direção geral do fluxo de água subterrânea é de leste para oeste no canal do rio e o fluxo pode ser considerado efluente.

Aspectos de qualidade

O estudo qualitativo das águas subterrâneas é tão importante como o estudo quantitativo. Na natureza, nenhuma água é pura e a água pura contém duas partes de hidrogénio e uma parte de oxigénio por volume. O estudo qualitativo das águas subterrâneas é efectuado através de análises físicas, biológicas e químicas. Algumas propriedades como a temperatura e o pH devem ser registadas no próprio campo (Karanath, 1987) e podem ser registadas com a ajuda de um termómetro e de um medidor de pH e outras propriedades físicas e químicas como a dureza total, o cálcio, o potássio, o magnésio, o sódio, o carbonato, o bicarbonato, o sulfato, o cloro, o fluoreto, o nitrato e o ferro podem ser analisadas em laboratório. A qualidade da água subterrânea é controlada pela composição dos minerais e produtos da meteorização das rochas. O estudo qualitativo é efectuado para determinar a adequação da água subterrânea para utilizações domésticas, de irrigação e industriais. Os requisitos de qualidade da água incluem - deve estar livre de bactérias que possam causar doenças, deve ser incolor e faiscante, o que pode ser aceite pelo público, deve ser saborosa, inodora e fresca, não deve corroer os canos, deve estar livre de todas as matérias censuráveis, deve ter oxigénio dissolvido e ácido carbónico livre para que possa permanecer fresca. As características da água subterrânea podem ser classificadas em características físicas, bacterianas e químicas. As características físicas incluem a temperatura, a turvação, a cor, o sabor e o odor. As bacterianas e microscópicas incluem a contagem total de bactérias e bactérias-coli (E-coli) e as químicas incluem o pH, a condutividade eléctrica (CE), a dureza, vários catiões, aniões e sólidos totais dissolvidos.

As características químicas importantes são examinadas uma a uma. A qualidade da água sub-superficial de VRB na costa sudoeste foi examinada através do estudo qualitativo de amostras de água antes da estação. As qualidades da água analisadas para o estudo incluem o pH, a condutividade eléctrica, a dureza total, os catiões como o cálcio, o potássio, o sódio, o magnésio e o ferro e os aniões como o carbonato, o bicarbonato, o sulfato, o cloreto, o fluoreto e o nitrato. Entre estes, o sódio, o cálcio, o magnésio, o bicarbonato, o sulfato e o cloreto são considerados constituintes principais, o ferro, o potássio, o carbonato, o nitrato e o fluoreto são constituintes secundários e alguns oligoelementos foram também investigados, sendo todos os constituintes expressos em miligramas por litro (mg/l), exceto o pH e a condutividade eléctrica. Com base na abundância relativa de sólidos dissolvidos na água potável, estes são classificados como constituintes principais, secundários, menores e vestigiais (Todd, 1980). Neste estudo, é dada importância aos constituintes principais e secundários. São utilizados dados de qualidade de 1981 a 1998. A especificação da água potável proposta pela OMS (1971) e ISI (1983) é compilada (Tabela 4.10).

Quadro 4.10: Normas para a qualidade química da água potável

Quality	WHO, 1971		ISI,1983	
	Desirable	Permissible	Desirable	Permissible
pH	7.0-8.5	6.5-9.2	6.5-8.5	8.5-9.2
Total hardness (mg/l) as CaCO3	100	500	300	600
Calcium	75	200	75	200
Magnesium (mg/l)	30	150	30	100
Iron (mg/l)	0.05	1.5	0.05	1.5
Sulphate (mg/l)	200	400	150	400
Chloride (mg/l)	200	600	250	1000
Fluoride (mg/l)	0.6-0.9	0.8-1.78	0.6-1.2	1.5
Nitrate (mg/l)	-	45	45	No relaxation

O valor do pH de uma solução é o logaritmo negativo da concentração de iões de hidrogénio em moles por litro. O valor do pH da água pura é 7, quando os iões $H+$ excedem os iões OH^-, resulta uma solução ácida, e os iões OH^- excedem os iões H^+, resulta uma solução básica. A análise revela que algumas amostras de água de OBWs têm valores de pH superiores a 8,5, o valor mais alto desejável recomendado pela OMS e pelo ISI. A natureza alcalina da água com valores de pH superiores a 8,5 é registada nas amostras de água de

W2 em 1984, 1991, 1993 e 1998; W3 em 1997, W4 em 1987, W5 em 1997, W7 em 1997, W8 em 1997, W9 em 1997, W13 em 1982, W10 em 1997, W11 em 1997, W13 em 1997 e W18 em 1997. O valor de pH inferior a 6,5 é registado para W1 em 1986, W3 em 1981, W9 em 1986, W12 em 1987, W13 em 1987, W6 em 1985 e 1986 e para W17 em 1995 e 1998. A maioria das amostras de água subterrânea tem um valor de pH entre 6 e 8,5 e o valor mais baixo de pH registado é 5,39. As alterações no valor do pH podem ser devidas a mudanças de temperatura, pressão, presença de fosfatos, silicatos, boratos, fluoretos e outros sais em forma dissociada e em água muito pura com dióxido de carbono dissolvido (Karanth, 1987). A corrosão, a incrustação, parâmetros como a cor, a formação de sulfureto de hidrogénio, parâmetros de tratamento da água como a dosagem de coagulação e a eficiência de desinfeção estão relacionados com os valores de pH (Anon[11] , 1997). Em geral, a água é adequada para fins de consumo.

A condutividade eléctrica (CE) é a capacidade da água subterrânea para conduzir eletricidade e depende do total de sólidos dissolvidos e dos iões individuais. A unidade de CE é micromhos/cm ou microseimens/cm e altera-se com a temperatura, sendo normalmente considerada a temperatura padrão de 25º C (Karanth, 1987). A CE da água aumenta com o teor de sal (Todd, 1980). A CE da água é uma medida de mineralização e pode ser usada para prever a concentração de cálcio, magnésio, sódio, alcalinidade, sulfato e cloreto. Assim, os valores de CE podem ser utilizados para estimar a concentração de outros constituintes com a precisão desejada. As alterações na CE de uma amostra indicam alterações na composição mineral da água bruta, intrusão de água salina e poluição por água industrial. A CE é muito elevada para as amostras de água da W2. Este facto deve-se à proximidade da costa e indica que o teor de sal destas amostras de água é mais elevado quando comparado com amostras de outras OBWs. O valor de CE de 1360 ^is/cm a 25OC para as amostras de água em 1986 é o valor mais elevado e a amostra de água em 1985 registou o valor mais baixo de 230 µs/cm a 25OC. A maioria das amostras de água de W1 registou uma CE superior a 500. A amostra de água de W4 em 1996 registou um valor de CE superior a 1000 µs/cm a 25OC. Como a CE está relacionada com Ca^{2+} , Mg^{2+}, $so4^{2-}$, e Cl^- , os seus contornos não são apresentados. Os valores de CE variam de 5,0 a 1030,0 µs/cm a 25OC.

A dureza total da água subterrânea é devida à concentração de cálcio e magnésio na água e é expressa em equivalente de CaCO3. Quando a dureza é numericamente maior do que a soma da alcalinidade carbonatada e da alcalinidade bicarbonatada, a quantidade de dureza que é equivalente à alcalinidade total é denominada "dureza carbonatada", a quantidade de dureza superior a esta é denominada "dureza não carbonatada". Quando a dureza é numericamente igual ou inferior à soma da alcalinidade carbonatada e da alcalinidade bicarbonatada, toda a dureza é "dureza carbonatada" e não existe "dureza não carbonatada" (APHA, 1985). A água dura é desagradável porque necessita de muito sabão para formar espuma. A dureza representa as impurezas presentes na água e é causada por Ca e Mg (Bowen, 1960)

$$\text{Total Hardness } H_T = Ca \times \frac{CaCO3}{Ca} + Mg \times \frac{CaCO3}{Mg}$$

Onde HT, Ca e Mg são medidos em mg/l e os rácios em pesos equivalentes. Além disso, HT=2,497 Ca + 4,115 Mg (Karanth, 1987). Com base na dureza da água, esta é utilizada para fins domésticos, industriais e de consumo. A classificação da dureza da água (Sawyer e McCarty, 1967) está tabelada (Quadro 4.11).

Tabela 4.11: Classificação da dureza da água

Hardness, mg/l as CaCO₃	Water class
0-75	Soft
75-150	Moderately hard
150-300	Hard
Over 300	Very hard

(Sawyer and McCarty, 1967)

A dureza da água é de dois tipos - dureza temporária devido aos bicarbonatos de cálcio e magnésio e dureza permanente, cloretos e sulfatos de cálcio e magnésio. A dureza temporária é estudada no VRB. Na água doce, o cálcio e o magnésio resultam em dureza. A dureza temporária do VRB varia de 0,5 a 581,0 mg/l como CaCO3. Os dados sobre as amostras de água de W1 revelam que é geralmente dura, para o ano de 1998 a água é macia com um valor de 45 mg/l como CaCO3. A presença de água dura é registada entre 1981 e 1998. No caso das amostras de água de W2, a água é geralmente dura, exceto as amostras de água de 1986, 1987 e 1991, que são muito duras e se devem à elevada concentração de cálcio, magnésio e bicarbonatos. Todas as amostras de água de W3, W5, W7, W11, W12, W13, W15 e W17 são macias. Entre estas amostras de água, a W12 apresenta um valor de suavidade muito inferior devido a quantidades muito pequenas de cálcio, magnésio e bicarbonatos. As amostras de água de W4, W8, W9, W10, W14 e W16 são macias, exceto em 1981, ano em que as amostras de água são moderadamente duras. As amostras de água de W6, W16 e W18 são macias, mas com variações em 1990, 1991 e 1992, respetivamente, para os OBWs acima referidos, sendo as amostras de água destes anos moderadamente duras. As alterações características mostradas pelas amostras de água estão compiladas (Tabela 4.12). Os dados revelam que o valor da dureza é diretamente proporcional à concentração de cálcio, magnésio, carbonato e bicarbonatos e que a concentração de cálcio tem uma relação consistente com o valor da dureza. Com exceção das amostras de água da W1 em 1990 e da W2 em 1987, o valor da dureza é cerca de 2,99 vezes superior ao da concentração de Ca.

$$\text{Thus } H_T = 2.99 \times Ca; \text{ Or, } HT = 2.99 \; Ca; \text{ i.e., } H_T = 3 \; Ca$$

Assim, o valor da dureza total é três vezes superior ao da concentração de cálcio. A amostra de água W2 em 1987, com um valor de dureza de 781, ultrapassou o valor máximo admissível de dureza proposto pela OMS (1971) e pelo ISI (1983). Como a dureza é de natureza temporária nalgumas amostras de água, pode ser removida por ebulição ou adição de cal. Em VRB, a dureza carbonatada foi registada nas amostras de água W2 e W4 em 1998.

Tabela 4.12: Alterações características de algumas amostras de água

Location	Year	HT	Water class	Ca	Mg	HCO₃
Kadakkavoor	1990	45	Soft	10	4.9	7.3
	1991	285	Moderately hard	98	9.7	336
Anjengo	1986	328	Very hard	110	13	71
	1987	781	Very hard	170	83	165
	1991	320	Very hard	106	13	207
Attingal	1981	110	Moderately hard	40	24	122
Pirappancode	1981	110	Moderately hard	36	4.9	116
Perungur	1981	105	Moderately hard	36	3.7	128
Madathara	1981	130	Moderately hard	42	6.1	128
Palode	1981	100	Moderately hard	26	8.5	116
Kilimanoor	1990	126	Moderately hard	44	3.9	127
Kallar	1991	96	Moderately hard	34	2.4	100
Panavoor	1992	145	Moderately hard	50	4.9	104

Os catiões estudados incluem o cálcio, o potássio, o magnésio, o sódio e o ferro e são discutidos resumidamente.

As fontes de cálcio nas águas subterrâneas são o feldspato, o piroxénio, o anfibólio, o calcário, a dolomite e o gesso (Karanth, 1987). A concentração de Ca^{2+} varia de 0,5 a 76 mg/l. Os dados revelam que a água subterrânea de VRB contém cálcio e está dentro do limite máximo admissível proposto pela OMS e pelo ISI e a água é adequada para fins de água potável.

As fontes de potássio incluem Ortoclase, Microclina, Nefelina, Leucite, Biotite, Evaporitos contendo Sylvite altamente solúvel e Nitro (Karanth, 1987). A concentração de K^+ varia de 0,3 a 41 mg/l.

As fontes de magnésio nas águas subterrâneas incluem anfibólios, olivina, piroxénios, dolomite, magnesite e vários minerais de argila (Todd, 1980). A concentração de magnésio e de cálcio é importante para as propriedades de arrefecimento, de formação de incrustações e de corrosão (APHA, 1985). Concentrações de magnésio superiores a 150 mg/l podem causar irritação gastro intestinal e diarreia. A concentração de Mg^{2+} varia de 0,49 a 83 mg/l. Os dados revelam que a água subterrânea de VRB contém magnésio e está dentro do limite máximo admissível proposto pela OMS e ISI e a água é adequada para fins de água potável.

As fontes de sódio incluem a presença de feldspato (albite), minerais de argila, evaporitos como a halite (NaCl) e a mirabilite ($Na_2SO_4.10H_2O$) e resíduos industriais (Todd, 1980). A amostra de água da W2 em 1987 mostra uma natureza salgada com um teor de sódio superior a 200 mg/l recomendado pela OMS. Pode ser devido a halites, uma vez que a OBW está muito próxima da zona costeira. O teor de Na^+ varia de 1,1 a 790 mg/l e a água é geralmente salgada perto da zona costeira (W2).

As fontes de ferro na água subterrânea incluem anfibólios, minerais ferromagnesianos, micas, sulfuretos ferrosos (FeS), sulfuretos férricos ou pirite de ferro (FeS_2), magnetite (Fe_3O_4), óxidos, carbonatos e sulfuretos ou minerais de argila de ferro (Todd, 1980). Nas condições de pH existentes nos abastecimentos de água potável, o sulfato ferroso é instável e precipita como hidróxido férrico insolúvel que se deposita como sedimento cor de ferrugem e essa água tem um sabor desagradável mesmo a baixa concentração (0,03 mg/l) e mancha a roupa (Anon[11] , 1997). Uma concentração muito elevada de ferro na água pode causar hemocromatose, resultando em danos nos tecidos. Nas amostras de água de W1, W6, W7, W9, W16 e W18, a quantidade de ferro excede o limite permitido de 1,5 prescrito pela OMS e pelo ISI.

Os aniões estudados incluem carbonatos e bicarbonatos, sulfato, cloreto, fluoreto e nitrato.
As fontes de carbonatos e bicarbonatos nas águas subterrâneas são o calcário e a dolomite (Todd, 1980). Estes têm um papel dominante na dureza da água. O carbonato varia de 0,0 a 24,0 mg/l, mas o bicarbonato varia de 0,0 a 336 mg/l e é adequado para fins potáveis.

Os minerais de enxofre, os sulfuretos de metais pesados, o gesso e a anidrite são fontes importantes de sulfato nas águas subterrâneas (Walton, 1987). Concentrações de sulfato superiores a 200 mg/l podem causar ataques de diarreia. As águas subterrâneas que contêm uma elevada concentração de sulfatos podem provocar a corrosão dos esgotos. A concentração de sulfato varia de 0,0 a 220 mg/l e a água subterrânea de VRB contém sulfato e está dentro do limite máximo permissível proposto pela OMS e ISI e a água é adequada para fins de água potável.

As fontes de cloreto são os evaporitos (Todd, 1980). O elevado teor de cloreto nas águas subterrâneas pode dever-se à retenção de água do mar fóssil, à lixiviação de depósitos de evaporitos para a lavagem de cloreto das rochas e solos sobrejacentes e à exploração excessiva de águas subterrâneas por bombagem excessiva perto de zonas costeiras. Em concentrações excessivas, o cloreto pode conferir um sabor salgado ou salobra à água (APHA, 1985). O elevado teor de cloretos afecta as tubagens metálicas e, nas regiões costeiras, a exploração excessiva pode resultar no aumento de cloretos nas águas subterrâneas devido à intrusão de água do mar. Não foram registados problemas graves de cloretos em nenhuma área de VRB e a sua concentração varia entre 0,14 e 305 mg/l. O teor de cloreto da água indica que a água subterrânea de VRB contém cálcio e está dentro do limite máximo admissível proposto pela OMS e pelo ISI e a água é adequada para fins de água potável.

As fontes de fluoreto são o anfibólio (Hornblende), a fluorapatite, a fluorite e a mica (Todd, 1980). As concentrações de fluoreto acima do limite máximo permitido podem causar esmalte manchado, cárie dentária, fluorose dentária, fluorose esquelética e concentrações excessivas conhecidas por causar deformações esqueléticas (Karanth, 1987) e outras doenças são compiladas (Quadro 4.13). A cárie dentária é normalmente provocada se a concentração for inferior a 0,8 mg/l. A fluorose é uma doença que afecta os ossos e os dentes e é registada em áreas onde o teor de fluoreto na água potável é superior a 1 ppm e o fluoreto ocorre geralmente na água natural na maioria dos locais com menos de 1 ppm e, em geral, o teor de fluoreto aumenta com a profundidade (Rajagopal e Tobin, 1991). O estudo revela que a concentração de fluoreto varia entre 0,0 e 0,2 mg/l e está dentro do limite máximo admissível proposto pela OMS e pelo ISI e a água é adequada para fins de consumo. A contaminação por fluoreto não é de todo um problema na bacia, mas uma amostra de água com uma concentração elevada de fluoreto (0,49 mg/l) foi registada num poço em Vamanapuram (Anon[8] , 1989).

Quadro 4.13: Concentração de fluoretos e efeitos biológicos

Fluoride (ml/l)	Medium	Effect
1	Water	Dental caries reduction
2 or more	Water	Mottled enamel
8	Water	10% Osteosclerosis
50	Food and Water	Thyroid changes
100	Food and Water	Growth retardation
120	Food and Water	Kidney problem

(Goel and Mishra, 2000)

A contribuição do nitrato provém da matéria orgânica em decomposição, dos resíduos de esgotos e dos fertilizantes à base de nitratos (Karanth, 1987). A análise indica que a amostra de água da W1 em 1997 (48 mg/l) e a da W14 em 1995 (69 mg/l) excede o limite máximo permitido prescrito pela OMS e pelo ISI e que a quantidade excessiva de nitrato na água potável pode causar a doença do bebé azul e a meta-hemoglobinemia (cianose) nos bebés (APHA, 1985). A concentração de nitrato varia entre 0,0 e 69 mg/l no VRB.

Concentração de catiões por ordem decrescente Ca > Na > K > Mg exceto nas amostras de água de W2 onde Na > Ca > Mg > K devido à proximidade da linha costeira. A concentração de aniões importantes varia de acordo com a ordem HCO3 > Cl > so4; W2 mostra variações em diferentes estações. O catião e o anião dominantes em todas as amostras de água de VRB são o Ca e o HCO3.

Entrada de salinidade

A entrada de salinidade é um fenómeno comum nos aquíferos costeiros e pode dever-se à invasão de água do mar, água do mar que entrou durante o tempo geológico passado, fluxos de retorno para cursos de água de terras irrigadas, sal em cúpulas salinas, resíduos salinos humanos e água concentrada por evaporação em lagoas de maré (Todd, 1980). Em VRB, a intrusão de água salgada nos aquíferos costeiros resulta da invasão de água do mar. A influência da intrusão de água salgada numa extensão de 15-18 km a partir da foz da VRB resultou na salinidade das águas subterrâneas nos Panchayats costeiros de Anjengo, Chirayinkil, Kadakkavoor e Vakkom (bloco de Chirayinkil) e Vettoor Panchayat (bloco de Varkala). Em VRB, a influência das marés é registada mesmo para além da estação de medição da corrente de Kollampuzha (Menon, 1988). A retirada de água doce do aquífero superficial não confinado adjacente à costa, particularmente na ausência de recarga adequada durante o período não monçónico, causa o abaixamento do lençol de água doce. Esta descida do nível freático é acompanhada pelo avanço da interface água-mar, reduzindo assim o espaço de armazenamento de água doce e aumentando parcialmente o teor de sal da água potável devido à difusão/dispersão transversal ou lateral dos sais oceânicos (Basak e Abraham, 1983).

Fácies hidroquímica

Os dados da análise química das amostras de água das OBWs em abril de 1998 (Quadro 4.14) foram classificados utilizando o diagrama Trilinear de Hill Piper e mostraram diferentes fácies hidroquímicas (Quadro 4.15). Entre as 18 OBWs, apenas 6 puderam ser representadas no diagrama Trilinear, o que se deve às características da própria fácies hidroquímica. O estudo revela que, no caso das amostras de água de W2 e W4, os alcalino-terrosos dominam sobre os alcalinos, os ácidos fortes excedem os ácidos fracos e a dureza carbonatada excede 50%, mas para W1, W3, W5 e W6 os alcalinos dominam sobre os alcalino-terrosos, os ácidos fracos excedem os ácidos fortes e a salinidade primária excede 50%.

Tabela 4.14: Componentes químicos das amostras de águas subterrâneas

ID	PH	EC	H_T	Ca	Mg	Na	K	CO_3	HCO_3	SO_4	Cl	F	NO_3	Fe
W1	6.61	306	45	12	3.6	17	20	BDL	31	5	50	0.7	28	BDL
W2	8.43	350	145	52	3.6	15	2	12	128	12	25	0.08	2.3	BDL
W3	7.23	154	20	4	2.4	24	1.5	BDL	12	2	43	0.04	0.6	BDL
W4	7.44	239	60	20	2.4	20	1.9	BDL	43	2.5	21	0.07	30	BDL
W5	7.56	123	20	7.2	0.49	16	4.2	BDL	24	2	24	BDL	4.5	BDL
W6	7.63	134	16	4	1.5	11	1.1	BDL	1.5	2.5	21	0.11	14	BDL
W7	8.39	222	50	14	3.6	BDL	BDL	6	31	6.5	57	BDL	4.4	1.74
W8	7.13	51	6	1.6	0.49	BDL	BDL	BDL	9.8	0.7	4.3	0.11	0.6	BDL
W9	7.32	92	14	4	0.97	BDL	BDL	BDL	9.8	4.5	11	BDL	6.6	BDL
W10	6.76	70	8	1.6	0.97	BDL	BDL	BDL	2.4	2.5	8.5	BDL	11	BDL
W11	7.21	79	8	1.6	0.97	BDL	BDL	BDL	9.8	1.5	8.5	0.09	5.8	BDL
W12	6.86	42	4	1.6		BDL	BDL	BDL	4.9	0.3	4.3	BDL	0.5	BDL
W13	8.3	102	24	7.2	1.5	BDL	BDL	BDL	24	1.5	17	0.07	14	BDL
W14	5.39		38	8	4.4	BDL	5.8	BDL	BDL	BDL	26	0.12	53	BDL
W15	6.5	230	15	4	1.2	BDL	BDL	BDL	12	0.2	21	BDL	24	BDL
W16	7.14		18	5.6	0.97	BDL	BDL	BDL	24	1.5	5.7	0.12	3.1	BDL
W17	6.02	91	12	2.4	1.5	BDL	BDL	BDL	BDL	0.2	14	0.05	15	BDL
W18	6.95	95	12	4	0.49	BDL	BDL	BDL	15	3.5	18	BDL	6.2	BDL

BDL- Below Detectable Level

Tabela 4.15: Resultados resumidos da classificação da água

Sample ID	Water type	Sample ID	Water type
W1	Na-Ca-K-Cl-HCO$_3$	W10	Ca-Mg-Cl-HCO$_3$-NO$_3$
W2	Ca-HCO$_3$	W11	Ca-Mg-Cl-NO$_3$
W3	Ca-Cl	W12	Ca-Cl-HCO$_3$
W4	Ca-Na-HCO$_3$-Cl	W13	Ca-Cl-HCO$_3$-NO$_3$
W5	Na-Ca-Cl-HCO$_3$	W14	Ca-Mg-NO$_3$-Cl
W6	Na-Ca-Cl-NO$_3$	W15	Ca-Cl-NO$_3$-HCO$_3$
W7	Ca-Cl-HCO$_3$	W16	Ca-HCO$_3$-Cl
W8	Ca-HCO$_3$-Cl	W1 7	Mg-Ca-Cl- NO$_3$
W9	Ca-Cl-HCO$_3$-NO$_3$	W18	Ca-Cl-HCO$_3$

A elevada precipitação disponível, o rápido escoamento superficial, a topografia inclinada, o fluxo de água subterrânea em direção ao oceano, a linha costeira reta e as linhas costeiras com falésias resultaram numa qualidade comparativamente boa da disponibilidade de água subterrânea em VRB.

Os dados da amostragem de águas subterrâneas em diferentes partes da VRB (abril de 2016) foram utilizados para interpretar melhor os processos hidrogeoquímicos, as fácies hidroquímicas, a evolução das águas subterrâneas e para testar a adequação das águas subterrâneas para fins de irrigação.

Processos hidrogeoquímicos das águas subterrâneas

As águas subterrâneas de diferentes horizontes geológicos podem ser classificadas em função da força iónica de aniões seleccionados e Soltan (1998) categorizou as águas subterrâneas com base no conteúdo meq/l de Cl^- $SO4^{2-}$ e $HCO3^-$. A água é do tipo Cloreto Normal se Cl^- for <15 meq/l, do tipo Sulfato Normal se $SO4^{2-}$ for <6 meq/l e do tipo Bicarbonato Normal se $HCO3^-$ variar entre 2 e 7 meq/l. A distribuição das amostras de águas subterrâneas com base na classificação de Soltan indicou que a maioria das amostras é do tipo Cloreto Normal, seguida pelo tipo Sulfato Normal e a concentração de sais em águas naturais depende da geologia, do ambiente e do movimento da água (Raghunath 1982; Gopinath e Seralathan 2006). Os índices de troca de bases, r 1 (r1 = Na+ - Cl-/ $SO4^{2-}$ meq/ l) e r2 (r2 = K+ + Na+ - Cl-$SO4^{2-}$ meq/l), segundo Soltan (1999), podem ser aplicados para a classificação das águas subterrâneas. A água subterrânea pode ser agrupada como Na+ - $HCO3^-$ tipo se r1 >1 e Na+- SO4 - tipo com r1 < 1; r2 < 1- a água subterrânea é do tipo de percolação meteórica profunda e >1, tipo de percolação meteórica superficial. As águas subterrâneas da área são do tipo Na+-HCO3⁻ e do tipo de percolação meteórica superficial, exceto algumas que são do tipo de percolação meteórica profunda, dados de análise química das águas subterrâneas e outros detalhes são compilados (Tabela 4.16 e 4.17).

Tabela 4.16: Dados da análise química da água subterrânea na área de estudo

#	Location	pH	EC	TH	Ca	Mg	Na	K	CO3	HCO3	Cl	SO4	NO3	F	SAR	RSC	TDS	%Na
										Pre-monsoon 2016								
1	Anjengo	8.43	550	185	66	4.9	39	8.2	24	189	71	20	1.4	0.16	1.25	0.20	317	34
2	Attingal	8.38	210	38	15	0	16	3.7	2.4	51	26	1.5	20	0.1	1.14	0.17	109	51
3	Chiravinkil	6.83	310	18	4.8	1.5	47	1.6	0	24	77	1	11	0.16	4.79	0.03	156	85
4	Kadakkavur	6.95	400	80	25	4.4	33	2.4	0	37	57	36	51	0	1.60	-1.01	227	48
5	Kilimanoor	7.64	186	22	8.8	0	21	2.5	0	49	30	1.5	16	0	1.95	0.36	104	69
6	Palode	7.01	168	16	5.6	0.49	20	8	0	34	28	7.5	16	0	2.17	0.24	103	77
7	Pangode	6.81	240	18	5.6	0.97	32	9.4	0	12	47	1	48	0	3.28	-0.16	150	82
8	Pothencode	7.58	390	132	52	0.49	11	11	0	117	71	15	15	0	0.42	-0.72	234	22
9	Vamanapuram	8.24	440	140	50	3.4	26	10	0	212	55	5.5	9.2	0.02	0.96	0.70	265	33
10	Vidura	7.34	152	30	7.2	2.9	14	2.9	0	10	23	5	29	0.01	1.11	-0.43	89	53
	Min	6.81	152	16	5	0	11	1.60	0.00	10.00	23	1.00	1.40	0.00	0.4	-1.0	89	22
	Max	8.43	550	185	66	5	47	11	24	212	77	36	51	0.16	4.8	0.7	317	85
	Mean	7.52	305	68	24	2	26	6	3	74	49	9	22	0.05	1.9	-0.1	175	56
	SD	0.64	135	63	23	2	12	4	8	74	21	11	16.33	0.07	134.4	36.4	1	2
	BIS	8.50	750	300	75	30	NR	NR	NR	500	250	200	45	1.00				

Tabela 4.17: Diferentes parâmetros das amostras de água da pré-monção

Well Nos	Cl^-	$SO4^{2-}$	$HCO3^-$	Base exchange index, (r1)	Base exchange index, (r2)	Na/Cl	Ca/Mg	Chloroalkali indices for cations, CAI-1	Chloroalkali indices for anions, CAI-2
1	2.00	0.42	3.10	-3.1	-0.23	0.85	0.55	0.05	0.02
2	0.73	0.03	0.84	-22.8	1.82	0.95	0.55	-0.08	-0.04
3	2.17	0.02	0.39	-102.2	-4.21	0.94	0.74	0.04	0.15
4	1.61	0.75	0.61	-0.7	-0.15	0.89	0.92	0.07	0.05
5	0.85	0.03	0.80	-26.2	4.18	1.08	0.97	-0.15	-0.12
6	0.79	0.16	0.56	-4.2	1.82	1.10	1.00	-0.36	-0.29
7	1.33	0.02	0.20	-62.2	14.68	1.05	1.00	-0.23	-0.31
8	2.00	0.31	1.92	-5.9	-3.98	0.24	1.03	0.62	0.50
9	1.55	0.11	3.48	-12.4	-1.44	0.73	1.03	0.11	0.04
10	0.65	0.10	0.16	-5.6	0.33	0.94	1.05	-0.05	-0.05
Mean	1.37	0.20	1.20	-24.54	1.28	0.88	0.88	0.00	0.00
Min	0.65	0.02	0.16	-102.22	-4.21	0.24	0.51	-0.36	-0.31
Max	2.17	0.75	3.48	-0.71	14.68	1.10	6.58	0.62	0.50
SD	0.58	0.24	1.21	32.92	5.37	0.25	1.26	0.26	0.23

(# Concentration, meq/l)

Facies hidroquímicas para Presonsoon, 2016

A água subterrânea é ainda avaliada para determinar a sua fácies, traçando as percentagens de constituintes químicos seleccionados no diagrama de Piper modificado (Chadha, 1999).

Existem 8 campos no diagrama de Chhadha (Fig. 4.6) e as suas características são apresentadas de seguida.

Campo 1- Os alcalino-terrosos excedem os metais alcalinos, ou seja, Ca+Mg>Na +K

Campo 2 - Os metais alcalinos excedem os alcalino-terrosos, ou seja, Na +K >Ca+Mg

Campo 3 - Os aniões ácidos fracos excedem os aniões ácidos fortes, ou seja, CO3+HCO3>Cl+SO4

Campo 4 - Os aniões ácidos fortes excedem os aniões ácidos fracos, ou seja, Cl+SO4> CO3+HCO3

Campo 5 - Os alcalino-terrosos e os aniões ácidos fracos excedem os metais alcalinos e os aniões ácidos fortes, respetivamente, ou seja, (Ca+Mg)+ (CO3+HCO3)> (Na +K) +(Cl+SO4)

Campo 6 - Os alcalino-terrosos excedem os metais alcalinos e os aniões ácidos fortes excedem os aniões ácidos fracos, ou seja, (Ca+Mg)>(Na+K)>(Cl+SO4)>(CO3+HCO3)

Campo 7 - Os metais alcalinos excedem os alcalino-terrosos e os aniões ácidos fortes excedem os aniões ácidos fracos, ou seja, (Na+K)>(Ca+Mg)> (Cl+SO4) >(CO3+HCO3)

Campo 8 - Os metais alcalinos excedem os alcalino-terrosos e os aniões ácidos fracos excedem os aniões ácidos fortes, ou seja, (Na+K)>(Ca+Mg)> (CO3+HCO3) >(Cl+SO4)

Fig.4.6: Campos principais do diagrama de Chhadha

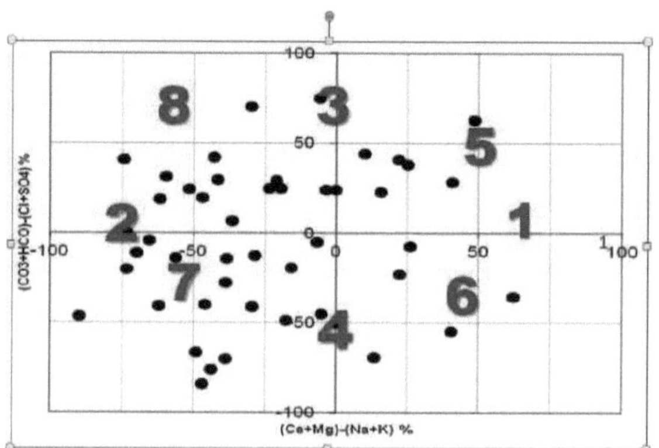

Além disso, o diagrama de Chhadha pode ser agrupado em 4 subcampos (Fig.4.18)

Sub-campo I- Ca-HCO3 Tipo / tipo de recarga

Subcampo II- Tipo Ca-Mg-Cl / Tipo permuta iónica inversa

Subcampo III- Tipo de Na-Cl / Tipo de água do mar

Subcampo IV- Na-HCO3 Tipo / Água de troca de bases

Fig.4.18: Subcampos do diagrama de Chhadha

Sub-field IV	Sub-field I
Na-HCO3 Type / Base Exchange water	Ca-HCO3 Type Recharge type
Sub-field III	Sub-field II
Na-Cl Type / Sea water Type	Ca-Mg-Cl Type Reverse Ion Exchange Type

As amostras de água de 2016 foram agora analisadas pelo diagrama de Piper modificado (Chadha, 1999) e os pormenores estão compilados na Fig.4.7 e na Tabela 4.19

Fig.4.7: Diagrama de Piper modificado para as amostras de água de VRB (2016 PRM)

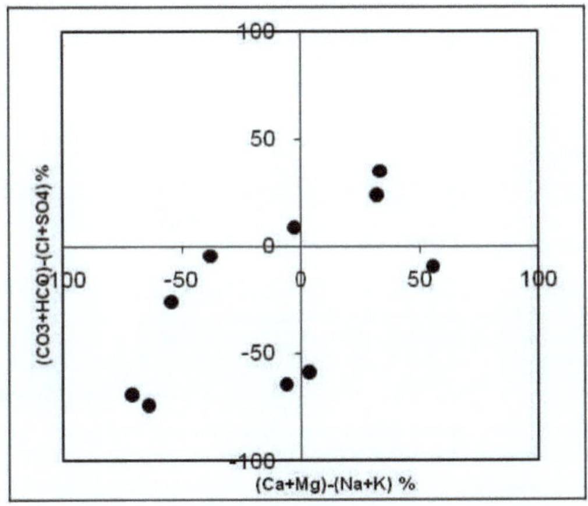

Quadro 4.19: Características das amostras de água da pré-monção

#	Location	Field & Characteristics	Sub-field & Hydrochemical facies
1	Anjengo	Field 5 - Alkaline earths and weak acidic anions exceed both alkali metals and strong acidic anions, respectively ie (Ca+Mg) + (CO3+HCO3)> (Na +K) +(Cl+SO4)	Sub-field I- Ca-HCO3 Type / recharge type
2	Attingal	Field 8 - Alkali metals exceed alkaline earths and weak acidic anions exceed strong acidic anions ie (Na+K)>(Ca+Mg)> (CO3+HCO3) >(Cl+SO4)	Sub-field IV; Na-HCO3 Type / Base Exchange water
3	Chirayinkil	Field 7 - Alkali metals exceed alkaline earths and strong acidic anions exceed weak acidic anions ie (Na+K)>(Ca+Mg)> (Cl+SO4) >(CO3+HCO3)	Sub-field III- Na-Cl Type / Sea water Type
4	Kadakkavur	Field 6 - Alkaline earths exceed alkali metals and strong acidic anions exceed weak acidic anions ie (Ca+Mg)>(Na+K)>(Cl+SO4)>(CO3+HCO3)	Sub-field II- Ca-Mg-Cl Type / Reverse Ion Exchange Type
5	Kilimanoor	Field 7 - Alkali metals exceed alkaline earths and strong acidic anions exceed weak acidic anions ie (Na+K)>(Ca+Mg)> (Cl+SO4) >(CO3+HCO3)	Sub-field III- Na-Cl Type / Sea water Type
6	Palode	-Do-	-Do-
7	Pangode	-Do-	-Do-
8	Pothencode	Field 6 - Alkaline earths exceed alkali metals and strong acidic anions exceed weak acidic anions ie (Ca+Mg)>(Na+K)>(Cl+SO4)>(CO3+HCO3)	Sub-field II- Ca-Mg-Cl Type / Reverse Ion Exchange Type
9	Vamanapuram	Field 5 - Alkaline earths and weak acidic anions exceed both alkali metals and strong acidic anions, respectively ie (Ca+Mg) + (CO3+HCO3)> (Na +K) +(Cl+SO4)	Sub-field I- Ca-HCO3 Type / recharge type
10	Vidura	Field 7 - Alkali metals exceed alkaline earths and strong acidic anions exceed weak acidic anions ie (Na+K)>(Ca+Mg)> (Cl+SO4) >(CO3+HCO3)	Sub-field III- Na-Cl Type / Sea water Type

As parcelas para a estação indicaram a distribuição dentro dos campos 5, 6 e 7 do diagrama de Chadha (Fig.4.7) e as características e fácies hidroquímicas são compiladas (Tabela 4.18).

Evolução das águas subterrâneas

Os gráficos de Gibbs (1970), nos quais TDS vs Na^+ / (Na^+ +$Ca^{2+)}$ para os catiões e TDS vs Cl^- / (Cl^- + $HCO3^{-)}$ para o anião, foram representados para conhecer o processo de evolução da água subterrânea e a influência da rocha hospedeira na química da água subterrânea. Foi revelado que as amostras ocuparam os campos de domínio da rocha e de domínio da evaporação. A interação rocha-água desempenhou um papel importante na evolução da química da água (Fig.4.8a&b). A localização geológica é um dos factores mais importantes que afectam a qualidade das águas subterrâneas (Beck et al 1985).

Fig .4.8 a: Lotes de Gibb para cação, 2016

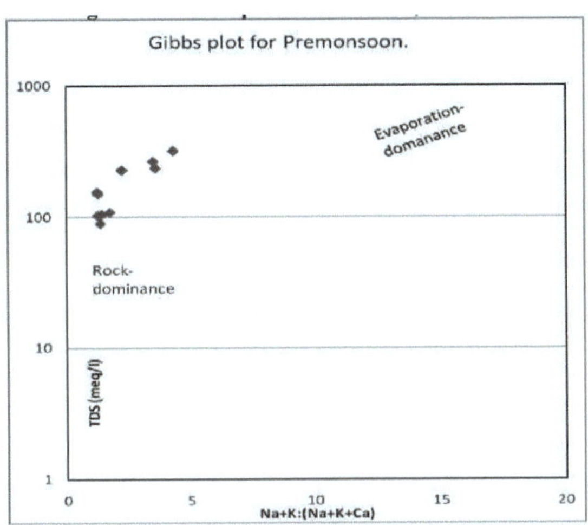

Fig . 4.8b: Lotes de Gibbs para o anião 2016

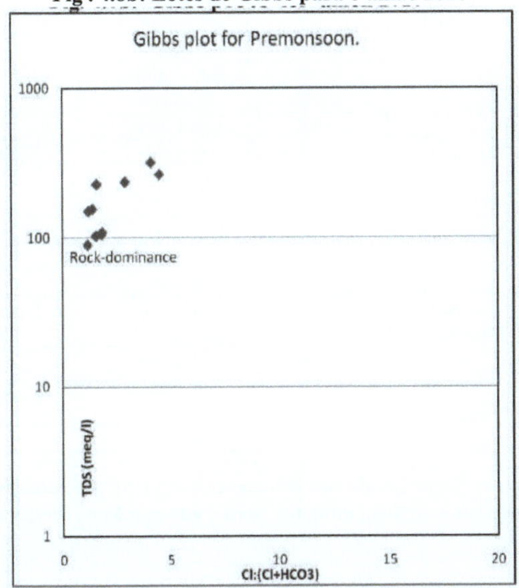

Índices cloroalcalinos

A evolução da composição química das águas subterrâneas foi ainda examinada através da determinação dos índices cloroalcalinos para catiões (CAI-1) e aniões (CAI-2). O CAI-1 [Cl⁻ - (Na⁺ + K⁺)] Cl⁻ e o CAI-2 [Cl⁻ - (Na⁺ + K⁺) / (SO4²⁻ + HCO3⁻ + CO3⁻ + NO⁻)], desenvolvidos por Schoeller (1967), relacionam o processo de troca iónica entre a água subterrânea e o material aquífero. O CAI-1 e o CAI-2 são negativos nas amostras, indicando a troca iónica entre Na^+ -K^+ na água e Ca^{2+} -Mg^{2+} nas rochas (McIntosh e Walter 2006). É imperativo compreender as modificações na química da água durante o seu movimento e tempo de residência para uma melhor avaliação da hidroquímica de qualquer área, mais ainda quando diferentes formações

63

geológicas estão envolvidas numa bacia hidrográfica (Johnson 1979; Sastry 1994). Como CAI-1 e CAI-2 são negativos nas amostras, indicando a predominância de troca iónica na área de estudo

Adequação das águas subterrâneas para fins de irrigação

A adequação da água subterrânea para irrigação foi tentada com base nas metodologias de Condutividade Eléctrica (CE), Rácio de Adsorção de Sódio (SAR), Percentagem de Sódio (% Na), Índice de Permeabilidade (PI), Índice de Kelley (KI), Percentagem de Sódio Solúvel (SSP) e Rácio de Magnésio (MR) (Quadro 4.20) e classificação de Wilcox da água de irrigação e diagrama de Salinidade dos EUA para a água de irrigação, metodologia e resultados analíticos são compilados (Quadro 4.21).

Quadro 4.20: Metodologia adoptada para o cálculo da aptidão para a irrigação

Aspects	Formula	Range	Classification	Reference
EC, μS/cm at 25oC		<250	Excellent	Raghunath, 1987
		250-750	Good	
		750-2000	Permissible	
		2000-3000	Doubtful	
		>3000	Unsuitable	
SAR	$SAR = Na / \sqrt{(Ca+Mg)/2}$	<10	Excellent	Richards, 1954
		10–18	Good	
		18–26	Doubtful	
		>26	Unsuitable	
%Na	$\%Na = ((Na+K) / (Ca+Mg+Na+K))*100$	<20	Excellent	Raghunath, 1987
		20–40	Good	
		40–60	Permissible	
		60-80	Doubtful	
		> 80	Unsuitable	
PI	$PI = ((Na+ (\sqrt{HCO_3}) / (CIGNA))*100$	>75	Class I	Doneen, 1964
		25- 75	Class II	
		<25	Class III	
KI	$KI = Na/Ca+Mg$	>	Unsuitable	Kelley, 1940
		1-2	Poor	
		< 1	Suitable	
SSP	$SSP = Na*100/ Ca+Mg+Na$	>50	Unsuitable	Khodapanah et al, 2009
		< 50	Suitable	
Mg Ratio	$MR = (Mg*100) / (Ca+Mg)$	>50	Unsuitable	Lloyd and Heathcote, 1985
		< 50	suitable	

Quadro 4.21: Parâmetros de qualidade das amostras de água da pré-monção (abril de 2016) de Vamanapuram determinados para a adequação da irrigação

#	Location	SAR	%Na	KI	P I	SSP	EC, μ S/cm	Mg Ratio
1	Anjengo	1.25	34	0.46	64	31	550	11
2	Attingal	1.14	51	0.93	111	48	210	0
3	Chirayinkil	4.79	85	5.62	111	85	310	34
4	Kadakkavur	1.60	48	0.89	73	47	400	22
5	Kilimanoor	1.95	69	2.08	134	67	186	0
6	Palode	2.17	77	2.71	136	73	168	13
7	Pangode	3.28	82	3.87	105	79	240	22
8	Pothencode	0.42	22	0.18	60	15	390	2
9	Vamanapuram	0.96	33	0.41	77	29	440	10
10	Vidura	1.11	53	1.02	84	50	152	40
	Mean	1.87	56	1.82	95	53	305	15
	Min	0.42	22	0.18	60	15	152	0
	Max	4.79	85	5.62	136	85	550	40
	SD	1.30	22	1.78	28	23	135	14

Condutividade eléctrica

A CE é uma medida do risco de salinidade para as culturas e está classificada em cinco tipos principais, de acordo com Raghunath (1987), e as amostras na área de estudo estão nas categorias excelente a boa.

Rácio de Absorção de Sódio, SAR

O risco de sódio alcalino ou Rácio de Absorção de Sódio (SAR) da água é um indicador do risco de sódio na água de irrigação (Gholami e Srikantaswamy, 2009). De acordo com Richard, 1954, o valor calculado do SAR mostra que todas as amostras são excelentes. Os diagramas de Wilcox (1955) relativos à percentagem de sódio e à CE das amostras (Fig. 4.9) e os diagramas de salinidade U S para a água de irrigação (Fig. 4.10) mostram que todas as amostras se enquadram na categoria excelente de percentagem de sódio e, no caso da CE, de excelente a boa.

Fig. 4.9: Classificação de Wilcox da água de irrigação (Pré-monção-2016)

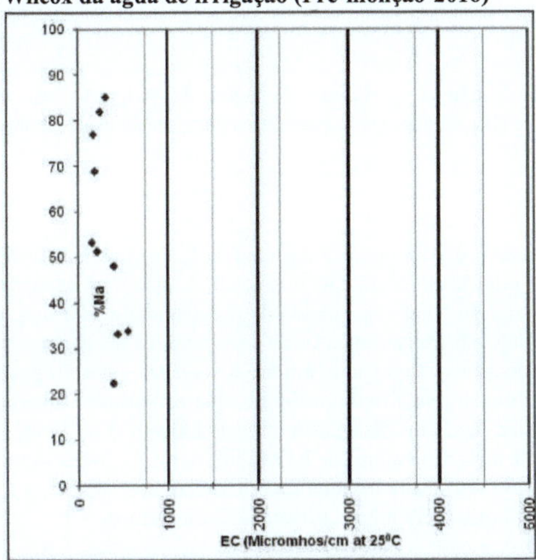

Fig. 4.10: Diagrama de salinidade U S para água de irrigação (Pré-monção-2016)

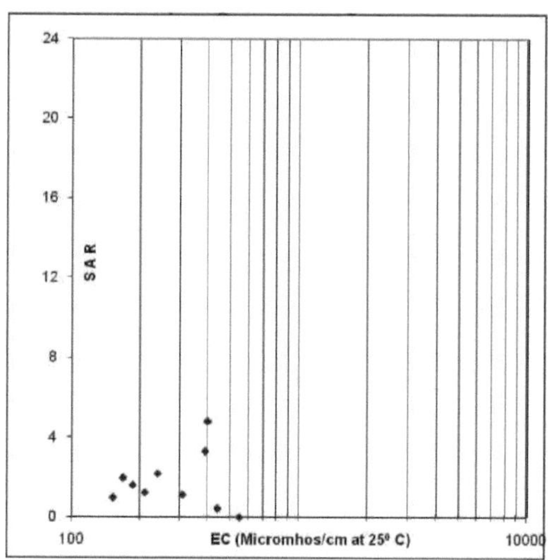

Percentagem de sódio (% Na)

A % de Na é utilizada para avaliar a qualidade das águas subterrâneas, porque um nível mais elevado de sódio na água de irrigação pode aumentar a troca do teor de sódio do solo irrigado e afetar a permeabilidade e a estrutura do solo e criar condições tóxicas para as plantas (Bangar et al, 2008, Durfer e Backer 1964 e Todd 1980). Com base nas proporções relativas da concentração de catiões, as amostras são classificadas nas categorias bom e duvidoso.

Índice de permeabilidade, PI

Doneen (1964) classificou a qualidade da água de irrigação em três classes baseadas na permeabilidade - classes I, II e III - e a maioria das amostras pertence à classe I e não é adequada para irrigação em todos os tipos de solo.

Índice de Kelley, KI

Kelley (1940) e Paliwal (1967) propuseram a adequação da qualidade da água de irrigação com base na concentração de sódio em relação ao cálcio e ao magnésio. A água é adequada para irrigação se o valor de KI for <1; a água com valor de KI >1 é considerada de má qualidade para irrigação e >2 KI torna a água inadequada para irrigação. Tanto a troca catiónica como a troca iónica inversa são encorajadas pelos materiais do aquífero e pelas práticas de utilização do solo, em áreas alagadas, terrenos pantanosos, riachos, planícies de lama/marés representadas por argilas Montmorillonite, que conduzem à libertação de Na ou Ca para as águas subterrâneas e à adsorção de Ca ou Na, respetivamente (Alison et al, 1992, Blake, 1989, Cerling et al, 1989 e Foster, 1950). Cerca de 50% dos valores de KI são inferiores a 1, o que significa que a água na área de estudo é adequada para irrigação, a amostra de água em Vidura com KI superior a 1 torna-se de má qualidade. Os 40% das amostras são impróprias para rega e as restantes com valores >50.

Percentagem de sódio solúvel, SSP

A água com um valor de SSP inferior ou igual a 50 é de boa qualidade e com um valor superior a 50 não é adequada para irrigação, uma vez que a permeabilidade será muito baixa. Na área de estudo, 60% das amostras de água têm valores de SSP inferiores a 50.

Rácio de magnésio, MR

A água com valor de MR inferior ou igual a 50 é de boa qualidade e >50 é considerada inadequada para irrigação (Lloyd e Heathcote, 1985). Na área de estudo, todas as amostras de água com valor MR inferior a 50.

Coeficiente de correlação

A relação entre duas variáveis é o coeficiente de correlação que mostra como uma variável prevê a outra. Associadas ao coeficiente de correlação r, as correlações múltiplas, que são as percentagens de variação na variável dependente, explicadas coletivamente por todas as variáveis independentes. Um coeficiente de correlação elevado (próximo de 1 ou -1) significa uma boa relação entre duas variáveis, e um coeficiente de correlação próximo de zero significa que não há relação. Valores positivos de r indicam uma relação positiva, enquanto valores negativos indicam uma relação inversa. A relação de correlação dos dados de amostragem de água subterrânea em diferentes partes do VRB (abril de 2016) está compilada (Tabela 4.22).

Tabela 4.22: Matriz de correlação para amostras de água de VRB - PRM, 2016

	pH	EC	TH	Ca	Mg	Na	K	CO3	HCO3	Cl	SO4	NO3	F
pH	1												
Ec:	0.40	1											
TH	0.63	0.91	1										
Ca	0.65	0.89	0.99	1									
Mg	0.18	0.69	0.62	0.54	1								
Na	-0.23	0.46	0.09	0.04	0.46	1							
K	0.24	0.39	0.54	0.58	0.00	-0.20	1						
CO3	0.55	0.62	0.64	0.62	0.54	0.37	0.19	1					
HCO3	0.74	0.80	0.91	0.92	0.46	0.07	0.59	0.54	1				
Cl	-0.03	0.81	0.59	0.58	0.40	0.62	0.27	0.35	0.46	1			
SO4	-0.03	0.60	0.52	0.48	0.66	0.16	0.01	0.31	0.22	0.39	1		
NO3	-0.60	-0.29	-0.41	-0.45	0.05	-0.02	-0.20	-0.44	-0.61	-0.23	0.29	1	
F	0.34	0.39	0.23	0.22	0.23	0.61	-0.23	0.63	0.23	0.46	-0.08	-0.53	1

Capítulo 5

Utilização do solo - ocupação do solo e forma do terreno

Os inventários de uso e ocupação do solo (LU/LC) e de relevo são necessários para a utilização e gestão optimizadas dos recursos do país. Atualmente, os inventários LU/LC e de relevo assumem uma importância crescente em vários sectores de recursos, como o planeamento agrícola, a colonização, os levantamentos cadastrais e os estudos ambientais. Fornecem informações úteis sobre as condições da água subterrânea numa área, que é controlada por muitos factores como a geologia, o clima, o solo e factores antropogénicos. Nalgumas regiões, o CN / LC indica a profundidade do lençol freático (DWT). Por exemplo, as freatófitas indicam um lençol freático pouco profundo, as halófitas indicam águas subterrâneas salobras ou salinas pouco profundas e as xerófitas, plantas do deserto que subsistem com um mínimo de água, sugerem uma profundidade considerável do lençol freático (Todd, 1980). A taxa de transpiração pode ser extremamente baixa em xerófitas em desertos e semi-desertos, mas muito elevada em plantas hidrófitas; a taxa de transpiração depende principalmente das espécies de plantas, da densidade de crescimento, das condições meteorológicas e do teor de humidade do solo (Karanth, 1987). Os freatófitos obtêm água da zona de saturação, quer diretamente quer através da franja capilar (Meinzer, 1923).

A extensão aérea e outras características das diferentes unidades de CN/CL são compiladas (Quadro 5.1). As principais categorias de CN/LC são as culturas mistas, o coqueiro, as árvores mistas, a selva mista densa, o arroz, a plantação de borracha, as massas de água, o eucalipto, a selva mista aberta, a teca, o anjili, o chá e as exposições rochosas (Joji e Nair, 2004); as unidades de CN/LC são examinadas em pormenor.

Quadro 5.1: Extensão das unidades de uso e ocupação do solo da VRB

LU / LC	Area, km^2	Area, %	Characteristics
Mixed crop	258.9441	34.8821	Areas which are considerably elevated than adjacent areas of paddy fields, coconut predominant.
Coconut	54.59978	7.3551	Bright red in FCC
Mixed trees	11.0985	1.4951	Dark red and gray in FCC
Rubber	241.4126	32.5205	Dark red in imageries
Paddy	16.915	2.2786	Different tones of gray individual plot boundaries clearly visible in photos.
Tapioca	0.5	0.0674	Occupies paddy fields and side slopes
Eucalyptus	24.885	3.3522	Grayish yellow in FCC
Dense mixed jungle	104.59	14.0892	Pale to dark red in FCC
Open mixed jungle	7.4	0.9968	Pale gray and red in FCC
Anjili	4.5	0.6062	Red and pale gray in FCC
Teak	3.665	0.4937	Gray and pale red in FCC
Rock exposures	1.11	0.1495	Pale red and grayish blue in FCC
Pond	0.085	0.0115	Dark in FCC
Grass land	0.8075	0.1088	Grayish white in FCC
Tea	0.99	0.1334	Pale orange and blue in FCC
Built-up- land	3.026	0.4076	Different tones of gray and red colour in FCC
Beach	2.1475	0.2893	Light white in imageries in FCC
Kayal	5.5825	0.7520	Dark in imageries in FCC

As culturas mistas ocupam uma área de 258,9441 km^2 e constituem um dos padrões de utilização do solo mais disseminados. As culturas mistas concentram-se em zonas mais elevadas do que os arrozais e os coqueiros. As diferentes culturas cultivadas em culturas mistas podem ser divididas em duas categorias: as que são cultivadas em condições secas e as que são cultivadas em condições húmidas.

Várias culturas mistas, como leguminosas, produtos hortícolas, pousio, banana nendran (variedade superior de banana), banana (Musa paradisiacal Linn) com exceção da nendran, tapioca (Manihot utilissima Pohl), ananás (Ananas comosus), gengibre (Zingibar officinale rose), curcuma (Curcums longa Linn), tubérculos de inhame (Typhonium trilobites) e discória (Dioscorea aculeata) o coco (Coccus nucifera L), o coco consorciado com banana que não a netrina, o coco consorciado com cacau (Theobroma cacao), o coco consorciado com pimenta (Piper nigrin Linn), a castanha de caju (Anacardium occidentals Linn), a noz-moscada (Ossetia nigari) e o cravinho (Eugenia caryophyllid) são abrangidos pelas terras secas. Por outro lado, os produtos hortícolas (olericultura), as leguminosas, a batata-doce (Ipomoeas batidas), a banana nendran, a banana que não a nendran, a tapioca, o gengibre, os tubérculos, o pousio, o coco com a exploração de areca (Areca catechu L), o coco em consociação com a banana (exceto nendran), o coco com o cacau e a betelvina (Piper betel) são as principais culturas cultivadas em consociação em condições húmidas. As principais árvores cultivadas incluem o coco, a areca, a jaqueira (Artocarpus integrifolia), o caju (Anacardium occidentale), etc. Nalgumas áreas, a seringueira (Hevea brazeliensis) também é cultivada juntamente com as culturas arbóreas, e o cultivo de tapioca ao longo das encostas laterais aumenta a erosão do solo.

As extensas plantações de seringueiras encontram-se principalmente em Chettachal, Vidura, Braemore, Palode, Nanniyode, Kannyakulangara, Vembayam, Flavor, Mundakkal, Manickam, Venjaramoodu e Pangode, e arredores. A distribuição da cultura da borracha é escassa nas zonas costeiras e baixas de VRB. A cultura da borracha predomina no bloco de Vamanapuram em relação aos outros blocos. A borracha é distribuída numa área de 241,4126 km^2 (32,52%). A borracha é a cultura de rendimento mais predominante em VRB. O consumo de água da borracha é muito elevado. A distribuição da borracha está geralmente confinada a regiões de terras médias e altas com declives suaves a moderados.

A DMJ distribui-se principalmente em Maruthamoola, Kallar, Ponmudi, Dinar, Dayaram, Braemore, Marchesani Tea Estate e Charlatanry e arredores. Algumas zonas da DMJ são de selva mista aberta. As zonas OMJ indicam o grau de pressão humana sobre a DMJ. Ocupa uma área de 104,59 km^2 (14,09%). A selva mista densa pode ser considerada como um coberto florestal ou vegetação natural, situada geralmente a leste das longitudes de 77^0 5·. O coberto florestal está mais limitado à parte a montante da VRB ou ao sopé dos Ghats Ocidentais. O aumento das actividades antropogénicas na vegetação natural ou na floresta provocou a desflorestação de algumas das áreas outrora ocupadas por floresta. A teca e o anjili ocupam atualmente a área ao longo de Palode - Madathara, outrora ocupada por floresta. As florestas tropicais húmidas perenes e semiperenes, as tropicais húmidas caducifólias e as tropicais secas caducifólias são os principais tipos de floresta em VRB. A área florestal é classificada de acordo com o estatuto jurídico (floresta de reserva e floresta adquirida) e a utilização (floresta densa, plantações e área atribuída a outras agências). A área florestal da bacia é abrangida pela gama Palode na divisão de Thiruvananthapuram. As várias espécies abrangidas pelas plantações florestais são a teca, o caju, o bambu, o eucalipto, a lenha, as plantações mistas, o bambu e as canas, a madeira macia, a acácia, o mogno (mogno adocicado), a madeira dura e outras. O aumento da desflorestação e a expansão do povoamento com árvores são os fenómenos em curso na parte oriental a montante da VRB. A desflorestação provocou uma forte erosão e resultou no desenvolvimento de declives acentuados. As áreas com declive acentuado (geralmente mais de 20% de declive) não são susceptíveis de contribuir para a recarga das águas subterrâneas. Assim, mais água flui como escoamento superficial e fluxo de corrente e resulta na inundação de jusante de VRB durante os períodos de monção tropical SW e NE.

A cultura do arroz constitui uma área de 16,92 km^2. As planícies de inundação, os preenchimentos de vales e os terraços fluviais da VRB são cultivados com arroz, situando-se geralmente a oeste de 77° de longitude. Devido à elevada densidade populacional e ao aumento das actividades humanas na zona, os campos de arroz foram recuperados.

As plantações de eucalipto encontram-se nas zonas de Sekonathumala, Kokoda, Sathyamangalam, iniparib, dinar e Perinatal. As plantações de eucalipto são cobertas por teca, árvores mistas, selva mista densa, anjili, selva mista aberta, cultivo de arroz e culturas mistas. A plantação de eucaliptos cobre uma área de 24,89 km^2 (3,35 %). O eucalipto é uma das árvores de crescimento mais rápido e o seu cultivo extensivo pode causar uma grave escassez de água na região. A cultura do eucalipto está principalmente confinada às FOSBs 7 e 8, juntamente com uma densa floresta mista. Como o eucalipto é uma das árvores de crescimento mais rápido e consome bastante água, o seu cultivo é recomendado apenas em zonas alagadas.

Em Braemore, as plantações de chá estão presentes em dois polígonos. Plantações de Anjili (Artocarpus hirsute) distribuídas em dois polígonos em Sarabande, perto de Perinodal. As plantações de teca (Tektone grands) observam-se perto de Sathyamangalam. As plantações de chá (Camillia thea Linn), anjili e teca estão confinadas à zona alta da VRB.

Os coqueiros são dominantes na costa ocidental de VRB e cobrem cerca de 54,60 km^2

As várias árvores cultivadas no âmbito das árvores mistas incluem principalmente árvores produtoras de madeira. Estas incluem a teca, o anjili, a jaqueira, o caju, o coco, a mangueira (Mangifera indica), etc.

Há dois remansos na área de estudo - Anjengo e Kozhithottam são considerados zonas húmidas. Uma das características das zonas húmidas é a presença de água e de solo saturado de água, permanentemente ou durante parte do ano. Estas são o habitat de espécies ameaçadas e raras de aves e animais, plantas endémicas, insectos, invertebrados, aves migratórias e wafers. Além disso, as zonas húmidas são úteis para a recuperação e o ciclo de nutrientes, libertando o excesso de azoto, desactivando fosfatos, removendo toxinas, produtos químicos e metais pesados através da absorção pelas plantas e no tratamento de águas residuais (Rajaram et al, 1994).

As outras unidades LU/LC incluem terrenos construídos, exposições rochosas, tapioca e pastagens.

Estudos de perfil

Foram traçados seis perfis, nomeadamente AA', BB', CC', DD', EE' e FF', para conhecer a distribuição da ocupação do solo em função da elevação e para conhecer a DWT (Fig. 5.1). Entre estes perfis, o AA' situa-se completamente na planície costeira, o BB' na planície costeira e em terrenos médios e os outros estão confinados a terrenos médios e altos (Joji e Nair, 2013).

Fig. 5.1 a Perfil de utilização/ocupação do solo da VRB (AA' e BB'). b Perfil de utilização/ocupação do solo da VRB (CC' e DD'). c Perfil de utilização/ocupação do solo da VRB (EE' e FF')

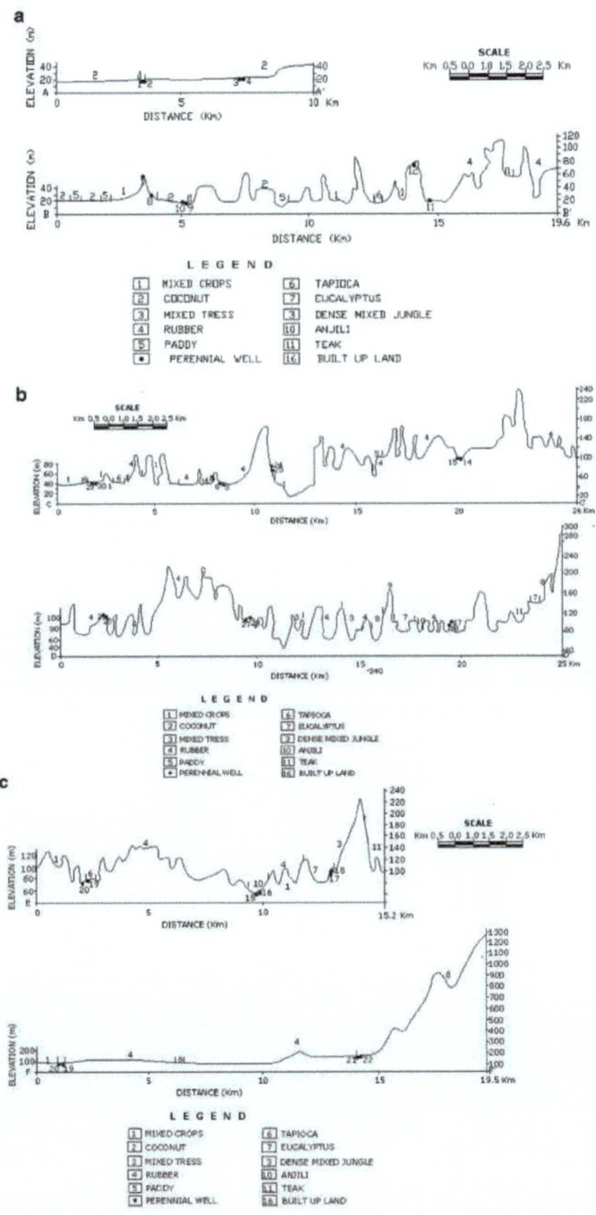

Perfil de AA'

A elevação varia entre < 20 metros e 40 m acima do nível do mar. O perfil com uma distância de 10,15 km. O cultivo de arroz está confinado abaixo de 20 a 20 m acima do nível do mar, de acordo com o perfil. O coco está confinado a menos de 20 m acima do nível do mar e a 40 m acima do nível do mar. Existem

71

quatro poços de observação projectados no perfil AA'. O DWT destes poços de observação (OBWs) varia entre 0,855 e 5,51mbgl. As unidades LU/LC identificadas à medida que se deslocam de A para A' são o côco, o arroz e o côco.

Perfil do BB'

Perfil de BB' com uma distância de 19,6 kms. A elevação mais baixa ao longo do perfil é inferior a 20 m acima do nível do mar e a elevação mais alta é superior a 120 m acima do nível do mar. Existem 12 montes ao longo do perfil. As unidades LU/LC identificadas como um movimento de B para B' são coco, arroz, coco, arroz, culturas mistas, coco, culturas mistas, coco, arroz, culturas mistas, tapioca, borracha, culturas mistas e borracha, respetivamente. Existem 6 poços perenes projectados ao longo do perfil. O DWT destes OBWs varia de um valor mais baixo de 3,87 a um valor mais alto de 11,18 mbgl.

Perfil da CC'

Perfil de CC' com cota mais baixa de 20 e cota mais alta de mais de 160 m acima do msl e com uma distância de 26 kms. Encontram-se cerca de 20 montes. A travessia de C a C' testemunha as categorias LU/LC culturas mistas, tapioca, culturas mistas, borracha, culturas mistas, borracha, culturas mistas, borracha, culturas mistas e borracha, respetivamente. A maior parte da área dos montes é ocupada por plantações de borracha. Existem 8 poços perenes projectados ao longo do perfil. O DWT desses OBWs varia de um valor mais baixo de 2,39 a 5,98 mbgl.

Perfil de DD'

Perfil de DD'' com um comprimento total de 25 km e mais de 25 montes. A elevação mínima é de cerca de 40 m acima do nível do mar e a altura máxima é de mais de 280 m acima do nível do mar. As categorias LU/LC encontradas durante a travessia de D para D' foram borracha, culturas mistas (arrozais recuperados), borracha, árvores mistas, borracha, selva mista aberta, eucalipto, anjili, borracha, teca, eucalipto e selva mista densa. Existem 6 poços perenes projectados ao longo do perfil e o DWT varia entre 1,42 mbgl e 9,28 mbgl.

Perfil de EE'

Perfil de EE' com um comprimento de 15,2 km, tendo uma altura mais baixa de 80 m acima do nível do mar e uma elevação mais alta de mais de 220 m acima do nível do mar. Existem mais de 13 montes ao longo do perfil e as unidades LU/LC encontradas em E e E' são culturas mistas, borracha, anjili, borracha, eucalipto e teca e o DWT de quatro poços perenes projectados ao longo do perfil varia entre 1,69 e 8,63 mbgl.

Perfil da FF'

Perfil de FF' com um comprimento de 19,5 kms. A elevação mais baixa é de 100 m acima do nível do mar perto de F e a elevação mais alta é de 1280 m acima do nível do mar em F'. O perfil não tem praticamente 4 montes e as unidades LU/LC encontradas são culturas mistas, tapioca (recuperação de arroz), borracha, tapioca (recuperação de arroz), borracha e floresta densa mista. A DWT das OBWs projectadas ao longo do perfil varia de um valor mais baixo de 1,69 a 5,24 mbgl.

Estudo longitudinal do perfil do rio

Foi preparado um perfil longitudinal do rio desde a nascente do VRB em Chemmunji Mottai até à sua foz em Muthalapallipozhy, tendo em conta a elevação e a distância (Fig. 4). Foram recolhidos dados diferentes a um intervalo de 2,5 km em 20 pontos desde a nascente até à foz (A, B, C'...T). O perfil longitudinal do VRB tem uma concavidade geral que reflecte uma diminuição acentuada do gradiente do curso de água. O lado a montante do VRB é mais côncavo do que o lado a jusante. A natureza côncava do perfil indica um aumento do caudal do rio na direção jusante do VRB.

Relação entre elevação e distância

A análise da Fig. 5.2 revela que se regista uma diminuição acentuada do declive de A para D. De D para F, a variação da diferença de altitude é de apenas 40 m. De F para G, a variação da altitude é quase nula, e de H para J, a altitude parece ser constante. Os pontos K e L apresentam uma elevação constante de 40 m amsl e o M de 30 m amsl. De N a S, a cota parece ser constante com uma cota de 20 m amsl. A partir de S, a elevação diminui gradualmente e atinge o nível do mar em Muthalapallipozhy.

O rio Vamanapuram é um curso de água Hortoniano de sétima ordem, e o número de cursos de água da primeira, segunda, terceira, quarta, quinta, sexta e sétima ordens é de 1 489, 347, 79, 21, 6, 2 e 1, respetivamente. Foi estudada a ordenação dos fluxos em função do perfil dos fluxos. A variação da ordenação dos cursos de água em 20 pontos do perfil em relação à elevação e à distância é compilada (Tabela 5.22).

Uma leitura atenta do estudo revela que as alterações na ordenação do curso de água ocorrem numa área com alterações proeminentes na elevação e estão relacionadas com o gradiente e o declive do curso de água. A porção a montante do VRB, especialmente perto da nascente e numa distância horizontal de 2,5 km, a sub-bacia de primeira ordem, muda para sub-bacia de terceira ordem. Uma queda de altitude de 400 para 140 m amsl resulta numa mudança de FOSB para sub-bacia de quinta ordem. Os pontos de E a I com sub-bacia de sexta ordem apenas e, posteriormente, sub-bacia de sétima ordem continuam até Muthalapallipozhi (ponto T). A área das sub-bacias de primeira, segunda, terceira, quarta, quinta, sexta e sétima ordem é de 1,339, 1,007, 6,39, 11,95, 9,79, 210,37 e 501,494 km² , respetivamente.

Fig. 5.2: Variação da ordenação do curso de água em função da elevação e da distância

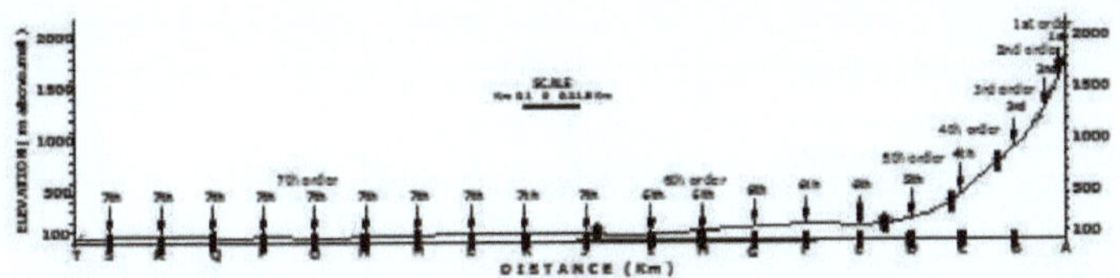

Foi estudado o LU/LC pormenorizado da sub-bacia hidrográfica de VRB. O mapa de FOSB foi sobreposto ao mapa de LU/LC para conhecer a distribuição da cobertura de LU/LC em diferentes FOSBs. A distribuição de CN/LC em diferentes FOSBs é compilada (Quadro 5.3)

Quadro 5.2 : Variação da ordenação do curso de água ao longo do perfil do curso de água

#	Selected point	Horizontal distance, km	Elevation, m amsl	Stream order	Category of basin
1	A	0.00 (source)	1717.00	I	First-order sub-basin
2	B	02.50	800.00	III	Third-order sub-basin
3	C	05.00	140.00	IV	Fourth-order sub-basin
4	D	07.50	120.00	V	Fifth-order sub-basin
5	E	10.00	100.00	VI	Sixth-order sub-basin
6	F	12.50	100.00	VI	Sixth-order sub-basin
7	G	15.00	100.00	VI	Sixth-order sub-basin
8	H	17.50	60.00	VI	Sixth-order sub-basin
9	I	20.00	60.00	VI	Sixth-order sub-basin
10	J	22.50	60.00	VII	Seventh-order sub-basin
11	K	25.00	40.00	VII	Seventh-order sub-basin
12	L	27.50	40.00	VII	Seventh-order sub-basin
13	M	30.00	30.00	VII	Seventh-order sub-basin
14	N	32.50	20.00	VII	Seventh-order sub-basin
15	O	35.00	20.00	VII	Seventh-order sub-basin
16	P	37.50	20.00	VII	Seventh-order sub-basin
17	Q	40.00	20.00	VII	Seventh-order sub-basin
18	R	42.50	20.00	VII	Seventh-order sub-basin
19	S	45.00	20.00	VII	Seventh-order sub-basin
20	T	46.60	MSL	VII	Seventh-order sub-basin

Tabela 5.3: Distribuição do uso/cobertura do solo em diferentes sub-bacias de quarta ordem

FOSB	LU / LC Category	Remark
1	Mixed crops, paddy, reclaimed paddy fields (mixed crops) and rubber	Mid-high lands with gentle slope
2	Mixed trees, rubber, paddy and reclaimed paddy fields (mixed crops)	,,
3	Rubber, reclaimed paddy fields (mixed crops), reclaimed paddy fields (tapioca) and rock exposures	,,
4	Rubber, grass land, reclaimed paddy fields (mixed crops) and paddy fields	,,
5	Dense mixed jungle, paddy, rubber, reclaimed paddy fields (mixed crops), mixed trees and rock exposures	,,
6	Dense mixed jungle, paddy, rubber, reclaimed paddy fields (mixed crops) and mixed trees	High lands with very steep slope
7	Dense mixed jungle, eucalyptus, teak and mixed trees	High lands with gentle slope
8	Dense mixed jungle and eucalyptus	,,
9	Dense mixed jungle	High lands with moderate-steep slope
10	Dense mixed jungle, grass land and tea	High lands with very steep slope
11	Dense mixed jungle and grass land	,,
12	Dense mixed jungle	,,
13	Dense mixed jungle and open mixed jungle	,,
14	Dense mixed jungle	,,
15	Dense mixed jungle	,,
16	Dense mixed jungle and rubber	,,
17	Dense mixed jungle, settlement with trees, rubber, cultivable land	High lands with moderate slope
18	Mixed crops, rubber, paddy, eucalyptus and rock exposures	Mid-high lands with gentle slope
19	Rubber	,,
20	Rubber, paddy and reclaimed paddy fields (mixed crops)	,,
21	Rubber and reclaimed paddy fields (mixed crops)	,,

As FOSBs 9, 12, 14 e 15 têm apenas floresta densa e mista. A recuperação de campos de arroz é registada em muitos locais. A plantação de chá está distribuída na sub-bacia 10. As plantações de eucalipto ocupam as sub-bacias 7, 8 e 18.

Existem principalmente cinco tipos de solos registados no VRB. As aluviões costeiras restringem-se à faixa costeira e as aluviões ribeirinhas encontram-se nas planícies aluviais dos rios. A zona intermédia é caracterizada por laterites intercaladas com manchas de solo hidromórfico castanho (BHS) e as terras altas são geralmente ocupadas por argila florestal. O solo laterítico é o tipo de solo mais extenso da VRB, ocorrendo ao longo de toda a zona intermédia delimitada pelas aluviões costeiras a oeste e pela argila florestal a leste. A fertilidade do solo laterítico é geralmente pobre, com teores mais baixos de azoto, fósforo, potássio e conteúdo orgânico, de cor castanha avermelhada a amarela avermelhada, com areia grossa e cascalho. É geralmente ácido com pH entre 5 e 6,2 e este solo desenvolve-se em zonas tropicais e subtropicais de monção com condições alternadas de humidade e secagem. O solo laterítico é adequado para o cultivo de pimenta, gengibre e as culturas cultivadas incluem coco, pimenta, banana, tapioca, castanha de caju e ananás e está distribuído numa área de 428,65 km^2 com um perímetro de 275,82 km. As características importantes dos solos na VRB e o seu perímetro e extensão de área estão tabelados (Tabela 5.4 e Tabela 5.5).

Quadro 5.4: Características dos solos da bacia hidrográfica do rio Vamanapuram

Characteristics	Upper region	Middle region	Lower region
1.Texture	Gravelly clay with moderate surface gravelliness and with coherent material at 100 to150 cm, loamy	Gravelly clay with moderate surface gravelliness to loamy	Gravelly clay with moderate surface gravelliness
2.Depth	Deep (100-150cm) to very deep (> 150cm)	Deep (100-150cm) to very deep (> 150cm)	Very deep (> 150cm)
3.Drainage	Well drained	Well drained	Well drained
5.Erosion Status	Moderate to severe	Moderate	Moderate

(Anon[9], 1996)

Tabela 5.5: Perímetro e extensão de área dos tipos de solo em VRB

Type of soil	No. of polygon	Perimeter, km	Area, km^2	Area, %
Coastal alluvium	1	25.34	18.35	2.47
BHS	6	95.34	83.98	11.31
Forest loam	1	40.99	61.82	8.33
Lateritic soil	1	275.82	428.65	57.74
Riverine alluvium	1	75.23	139.24	18.76
Water body	4	26.99	10.28	1.38

A distribuição de CN / LC em função do tipo de solo é compilada (Tabela 5.6).

Tabela 5.6: Distribuição da utilização/ocupação do solo em diferentes tipos de solo

#	Type of soil	Main LU / LC categories
1	Coastal alluvium	Coconut, mixed crops, paddy, sand bar and water bodies
2	Brown hydromorphic soil	Mixed crops, rubber, eucalyptus and dense mixed jungle
3	Forest loam	Dense mixed jungle, tea, rubber, open mixed jungle and rock outcrops
4	Lateritic soil	Mixed crops, rubber, mixed trees, cultivable land, teak, anjili, eucalyptus, dense mixed jungle and tea
5	Riverine alluvium	Paddy, mixed crops, water bodies and rubber

A sobreposição do mapa de contorno com o mapa LU / LC revelou que as principais unidades LU / LC 400 m acima do msl em VRB são a plantação de borracha, a selva mista densa, a plantação de chá e a selva mista aberta. A área com elevação superior a 200 m acima do nível do mar situa-se geralmente na zona oriental da VRB. As unidades LU / LC entre 200 e 400 m acima do nível do mar na área oriental são borracha, afloramentos rochosos (rochas de folha), selva mista densa, culturas mistas, árvores mistas e chá. A altitude de 1200 m acima do nível do mar é ocupada apenas por floresta mista densa, floresta mista aberta e afloramentos rochosos. Também revela que as regiões a cerca de 500 m acima do nível do mar são geralmente ocupadas por selva mista densa, afloramentos rochosos, plantações de chá e plantações de borracha em algumas localidades. As culturas mistas e os arrozais ocupam geralmente altitudes entre o nível do mar e 40 m acima do nível do mar. As culturas mistas estão geralmente distribuídas abaixo dos 100 m acima do nível do mar e acima dos 200 m acima do nível do mar, quase nulas.

As planícies de inundação, os preenchimentos de vales e os terraços fluviais dos canais a jusante são ocupados por arrozais. A selva mista densa e a selva mista aberta ocupam a zona mais oriental da origem das drenagens e a área é altamente inacessível. As culturas mistas e os coqueiros ocupam geralmente a área adjacente aos arrozais.

A gestão de bacias hidrográficas com base em CN / LC aumenta a redução da intensidade e frequência das inundações, a redução da erosão do solo e a preservação da humidade do solo; aumenta a produtividade da terra e melhora a qualidade do ambiente. As condições acima mencionadas podem ser alcançadas através de práticas agrícolas concebidas para aumentar a taxa de infiltração do solo, contorno e terraceamento de terras agrícolas, cultivo em faixas e plantação de culturas de cobertura, reflorestação que diminui o escoamento imediato, construção de lagoas agrícolas, prevenção do sobrepastoreio, quebras de abrigo de árvores, plantação de algumas variedades de culturas com resistência natural a inundações, represamento de água em locais adequados, prevenção da exploração excessiva de águas superficiais e subterrâneas, estabilização de áreas de ravinas e declives críticos (Anon[10], 1997).

A utilização conjunta da água é um dos melhores métodos de gestão das bacias hidrográficas. Se a terra e os recursos hídricos forem geridos corretamente, a riqueza de uma bacia pode aumentar consideravelmente (Sivanappan, 1985). Verifica-se que a perda de produtividade nas zonas áridas se deve a uma utilização excessiva e à degradação, mas os criadores de gado têm vindo a beneficiar da agricultura (Gupta et al, 1998).

Estudos de relevo

As várias unidades de relevo costeiras e outras identificadas são: barra, praia, planície de inundação, enchimento de vales, monte laterítico, cumeada linear, crista de colina, terreno suavemente inclinado (S1), terreno moderadamente inclinado (S2), terreno fortemente inclinado (S3), declive rochoso (face de escarpa), terreno montanhoso e sistemas de remanso / Kayals. A extensão de várias unidades de relevo está compilada (Quadro 5.6). A barra, a praia, a planície de inundação, o monte de laterite e os sistemas de remanso estão confinados à planície costeira. A planície de inundação e o enchimento do vale são as principais formas de relevo fluvial, enquanto o terreno moderadamente inclinado (S2), o terreno fortemente inclinado (S3), o declive rochoso (face da escarpa), a crista linear e a crista da colina são as principais unidades de relevo denudacionais.

Tabela 5.6: Extensão das unidades de relevo

Unit	Area, km^2	Area, %	Remarks
Bar	1.44	0.19	Deposited at river mouth and within backwater, consist of sand and gravel with vegetation; appear in bright tone with even texture.
Beach	2.1475	0.28	Consisting of fine sand particles and broken molluscan shells
Laterite mount	0.74	0.10	Shades of brown, hills, submits and side slopes; easily identified by colour in FCC
Flood plain	15.45	2.08	Prone to season of flooding
Valley fill	33.765	4.55	Valleys of narrow tributaries
Linear ridge	47.107	6.35	Elongated hill
Hill crest	3.3625	0.45	Hill with limited areal extension
Rocky slope	2.0975	0.28	Very steep slope and slope go up to 90°
Slide slope (S1)	232.91	31.38	Slope generally ranges between 3-5° (<5°)
Slide slope (S2)	206.95	27.88	Slope generally ranges between 5-10°
Slide slope (S3)	72.1875	9.72	Slope generally ranges between 10-15°
Hilly terrain	118.51	15.96	Lies in the foot hills of Western Ghats
*Water bodies	5.6675	0.76	Backwaters of Kozhithottam and Anjengo as well as ponds

* Water occurring areas of kayaks and ponds

Capítulo 6

Sub-bacias de quarta ordem

As sub-bacias de quarta ordem (FOSBs) são formadas pela junção de duas ou mais sub-bacias de terceira ordem (Chow et al, 1988). O presente estudo examinou todas as 21 FOSBs na bacia hidrográfica do rio Vamanapuram (VRB). As FOSBs 1 e 21 são as FOSBs mais ocidentais e a FOSB-15 é a FOSB mais oriental da VRB. Este capítulo é uma tentativa de destacar os diferentes aspectos e processos em curso nas FOSB.

Estão presentes 922 fluxos de primeira ordem, 204 de segunda ordem, 55 de terceira ordem e 21 de quarta ordem nas FOSBs do VRB. Entre estas, a FOSB-16 tem o número máximo de cursos de água de primeira ordem (77 n.ºs) e a FOSB-9 o número mínimo (22 n.ºs). FOSB-17 com o número máximo de drenagens de segunda ordem (18 n.ºs). O número máximo de cursos de água de terceira ordem (5 n.ºs) foi distribuído no caso da FOSB-16. A FOSB-17 com 4 números, as FOSBs 1, 3, 5 e 18 com 3 e todas as outras com dois cursos de água de terceira ordem cada. As análises morfométricas pormenorizadas e os parâmetros de drenagem de 21 FOSBs em VRB foram compilados (Quadro 2.1).

Entre as seis estações pluviométricas, Banaccadu Estate, Marchistan Estate e Valayanki estão situadas nas FOSBs 16, 11 e 17, respetivamente, mas Braemore Estate e Ponmudi na FOSB-10. A FOSB-10 é a região de maior pluviosidade (Ponmudi) entre as FOSBs em VRB. As FOSBs 11, 16 e 17 são as zonas adjacentes mais próximas da FOSB-10, que também registam precipitações elevadas durante os períodos de monção tropical SW e NE. O estudo revela que a precipitação mais intensa ocorre na FOSB-10, moderada a intensa nas FOSBs 11, 12, 13, 14, 15, 16 e 17 e as restantes FOSBs registam a precipitação mais baixa, uma vez que estão situadas mais perto da região com menor precipitação, como Attingal. A estação fluviométrica de Mylamoodu está situada na FOSB-5. Dado que o declive do terreno é comparativamente menor do que o de Valayanki, a descarga da estação fluviométrica de Valayanki é mais tardia do que a da estação fluviométrica de Mylamoodu.

Entre as 21 FOSBs, a FOSB-18 ocupa a área máxima (28,34 km^2) e o comprimento do perímetro quando comparada com outras bacias hidrográficas de FOSBs. A FOSB-8 é a microbacia mais pequena (4,78 km^2) com um comprimento mínimo do perímetro poligonal (Joji e Nair, 2002a). A extensão da área das FOSBs está classificada (Quadro 6.1) e a área foi medida através da opção "Histograma" do ILWIS 2.1. É também apresentado um histograma com a extensão da área das FOSB e o número de FOSB (Fig. 6.1). A variação na dimensão das FOSBs deve-se às condições fisiográficas e estruturais prevalecentes nestas sub-bacias e na sua vizinhança imediata (Singh e Singh, 1997). Entre as 21 FOSB, 13 são mili bacias hidrográficas e as restantes 8 são micro bacias hidrográficas. A classificação das bacias hidrográficas segundo Anon[2], 1999 é compilada (Quadro 6.2)

Fig. 6.1 Extensão Areal e N.º de FOSBs

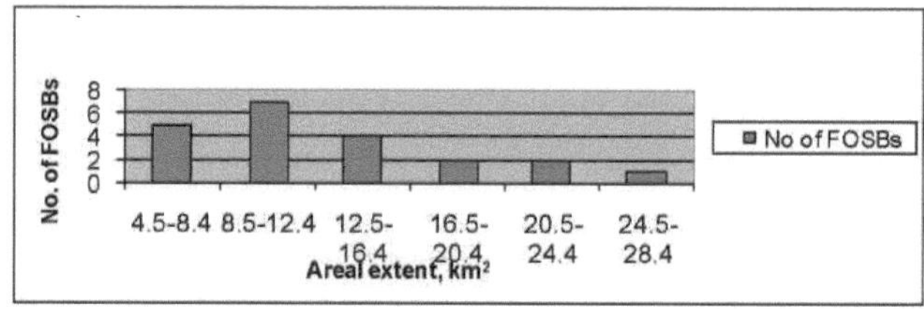

Quadro 6.1: Gama de extensão de área de diferentes FOSBs

Areal extent, km^2	Name of FOSB	No of FOSB
4.5-8.4	8, 9, 12, 13, 14	5
8.5-12.4	4, 7, 10, 11, 15, 20, 21	7
12.5-16.4	1, 3, 6, 17	4
16.5-20.4	2, 19	2
20.5-24.4	5, 16	2
24.5-28.4	18	1

Tabela 6.2: Classificação das bacias hidrográficas

S. No	Type of watershed	Area in hectares
1	Macro watershed	More than 50,000
2	Sub watershed	10,000-50,000
3	Milli watershed	1,000-10,000
4	Micro watershed	100-1000
5	Sub micro watershed	1-100

(Anon^2, 1999)

As 21 FOSBs com uma área de 266,43 km^2 e as FOSBs em VRB estão situadas em regiões médias e montanhosas. A origem da VRB é a FOSB-15 com uma elevação de 1717 m acima do nível do mar em Chemmunji Mottai. A elevação mínima da FOSB-15 é de 400 m acima do nível do mar. As extensões lineares máximas (comprimento e largura) são compiladas e a direção da medição é anotada (Quadro 6.3). A opção "Measure Distance" do ILWIS 2.1 é utilizada para a medição das extensões lineares e a sobreposição do mapa de segmentos das FOSBs no mapa de polígonos de curvas de nível revelou a elevação geral das diferentes FOSBs.

Quadro 6.3: Elevação geral e extensões lineares de FOSBs de VRB

FOSBs	Elevation (min.)	Elevation (max.)	Length, km	Breadth, km
1	<100	100-200	4.294 (*89°)	4.556 (*180°)
2	<100	100-200	5.631 (*91°)	4.245 (*178°)
3	<100	200-300	6.283 (*90°)	3.665 (*180°)
4	<100	100-200	4.730 (*90°)	3.142 (*180°)
5	<100	200-300	4.398 (*90°)	7.648 (*178°)
6	<100	400-500	6.208 (*88°)	4.405 (*177°)
7	<100	400-500	3.876 (*92°)	3.248 (*178°)
8	<100	400-500	2.66 (*90°)	3.220 (*180°)
9	<200	800-900	2.595 (*87°)	2.831 (*183°)
10	<200	1000-1100	4.398 (*90°)	3.772 (*178°)
11	<200	1000-1100	2.828 (*90°)	3.665 (*180°)
12	<200	1200-1300	1.571 (*90°)	3.248 (*178°)
13	<200	1200-1300	1.676 (*90°)	2.412 (*179°)
14	<600	1300-1400	2.618 (*90°)	43.039 (*179°)
15	<400	1700-1717	5.132 (*90°)	2.618 (*180°)
16	<100	800-900	6.389 (*91°)	4.398 (*180°)
17	<100	500-600	3.665 (*90°)	4.609 (*179°)
18	<100	200-300	6.179 (*90°)	5.969 (*180°)
19	<100	200-300	5.132 (*90°)	4.608 (*180°)
20	<100	200-300	4.400 (*89°)	3.772 (*181°)
21	<100	100-200	3.665 (*90°)	3.669 (*181°)

* Direction of measurement

A sobreposição do mapa de FOSBs em mapas de geologia, relevo e solo revelou a distribuição. O khondalite é o principal tipo de rocha nas FOSBs, seguido do biotite gnaisse garnetifero. As unidades de relevo identificadas nas FOSB são as seguintes: cumeada linear, crista de colina, vertente lateral S1, vertente lateral S2, vertente lateral S3, vertente rochosa (face de escarpa), terreno montanhoso e enchimento de vales. O terreno montanhoso predomina entre as FOSBs em VRB. Os tipos de solo identificados nas FOSBs são o solo laterítico, a argila florestal, o aluvião ribeirinho e o solo hidromórfico castanho (BHS). A distribuição das unidades litológicas, unidades geomorfológicas e tipos de solo identificados nas FOSBs do VRB está compilada (Tabela 6.4).

Tabela 6.4: Distribuição das unidades litológicas, unidades geomorfológicas e tipos de solo na FOSB

FOSB	Geology	Geomorphology	Soil
1	Khondalites, pyroxene granulite, Charnockites and garnetiferous biotite gneiss	Linear ridge, side slope S1 and valley fill	Lateritic soil
2	Khondalites and garnetiferous biotite gneiss	Linear ridge, side slope S1, side slope S2 and valley fill	Lateritic soil and BHS
3	Garnetiferous biotite gneiss	Hill crest, side slope S1 and valley fill	Lateritic soil
4	Khondalites, garnetiferous biotite gneiss, quartzite, pyroxene granulite, charnockite, gabbro and sillimanite gneiss	Side slope S1 and valley fill	Lateritic soil
5	Khondalites, pyroxene granulite and dolerite	Linear ridge, side slope S1, side slope S2 and valley fill	Lateritic soil and riverine alluvium
6	Khondalites and garnetiferous biotite gneiss	Linear ridge, hill crest, side slope S1 and valley fill	Lateritic soil and BHS
7	Khondalites and Charnockites	Side slope S2	Lateritic soil and BHS
8	Khondalites and garnetiferous biotite gneiss	Side slope S2, side slope S3 and hilly terrain	Lateritic soil and BHS
9	Khondalites, garnetiferous biotite gneiss and Charnockites	Hilly terrain	Lateritic soil
10	Khondalites, garnetiferous biotite gneiss and Charnockites	Hilly terrain	Lateritic soil and forest loam
11	Khondalites, garnetiferous biotite gneiss and Charnockites	Hilly terrain and rocky slope	Forest loam and Lateritic soil
12	Khondalites and garnetiferous biotite gneiss, quartzite, pyroxene granulite, dolerite, Charnockites, gabbro	Hilly terrain	Forest loam
13	Khondalites and garnetiferous biotite gneiss	Hilly terrain	Forest loam
14	Khondalites and garnetiferous biotite gneiss	Hilly terrain	Forest loam
15	Khondalites and pyroxene granulite	Hilly terrain and rocky slope	Forest loam
16	Khondalites, garnetiferous biotite gneiss and pyroxene granulite	Side slope S3 and hilly terrain	Forest loam and Lateritic soil
17	Khondalites and garnetiferous biotite gneiss	Linear ridge, side slope S3, hilly terrain and valley fill	Lateritic soil and riverine alluvium
18	Khondalites and garnetiferous biotite gneiss and Charnockites	Linear ridge, hill crest and valley fill	Lateritic soil and riverine alluvium
19	Khondalites and garnetiferous biotite gneiss	Linear ridge, hill crest and side slope S1	Lateritic soil and riverine alluvium
20	Khondalites and garnetiferous biotite gneiss	Linear ridge, side slope S1 and valley fill	Lateritic soil
21	Khondalites, garnetiferous biotite gneiss and pyroxene granulite	Linear ridge, side slope S1 and valley fill	Lateritic soil and riverine alluvium

As FOSBs 5, 11, 12, 16, 18 e 19 apresentam lineamentos, que são zonas produtivas para o potencial das águas subterrâneas. A perturbação estrutural como o dobramento é registada nas FOSBs 1, 2, 3, 6, 7, 16 e 17 (Joji et al, 2001a). Algumas FOSBs com elevada proporção de cursos de água de primeira ordem podem dever-se à fraqueza estrutural presente na VRB (Tabela 6.5). As principais perturbações estruturais ocorridas nas FOSBs da VRB são os lineamentos e a dobragem dos leitos e a sua ocorrência tornou as FOSBs mais produtivas para as águas subterrâneas.

Quadro 6.5: Perturbações estruturais em FOSBs

FOSB	Structural disturbance
FOSB 1*	Folding
FOSB 2*	Folding
FOSB 3*	Folding
FOSB 5*	Lineaments
FOSB 6	Folding
FOSB 7	Folding
FOSB 11	Lineaments
FOSB12	Lineaments
FOSB16	Folding and lineaments
FOSB 17*	Folding
FOSB 18*	Lineaments
FOSB 19	Lineaments

*High proportions of first order streams

As estruturas de extração de águas subterrâneas, como os poços perfurados (BWs) e os poços escavados a céu aberto / poços de observação (OBWs), já foram discutidas. O BW em Vembayam está situado no FOSB-20. A descarga do BW durante a perfuração foi de 2,4 lps e com um valor de transmissividade de 0,93 m² /dia. Os OBWs em Peringur, Ponmudi, Pangode, Kallar, Panavoor e Maruthamoola estão situados em FOSBs, onde a profundidade do lençol freático (DWT) varia de micro a meso e a flutuação é pequena, exceto em Maruthamoola. As amostras de água das BWs e OBWs são adequadas para fins de água potável. O desenvolvimento das águas subterrâneas nas FOSBs é fraco quando comparado com as áreas a oeste das longitudes 77° E.

As duas nascentes em VRB estão situadas na FOSB-10, perto da estância turística de Ponmudi. As nascentes são perenes e a qualidade da água é boa, podendo ser utilizada para fins potáveis sem qualquer tratamento. A ocorrência destas nascentes na zona dos Ghats Ocidentais é muito significativa, porque é complicado ter um abastecimento de água convencional nestas zonas. O custo inicial necessário para utilizar uma nascente é comparativamente baixo e o custo de manutenção é mínimo. A água de duas nascentes na FOSB-10 pode ser facilmente fornecida às pessoas que residem no sopé da área dos Ghats Ocidentais por fluxo de gravidade. A água das nascentes pode também ser utilizada para fins de irrigação.

Os arrozais estão situados nas FOSBs 1, 2, 5, 6 e 20 e as restantes FOSBs não têm arrozais. O impacto das actividades antropogénicas nos arrozais levou à recuperação dos vales, outrora utilizados principalmente para o cultivo de arroz e olericultura durante o verão. A recuperação de arrozais é registada nas FOSBs 1, 3, 5, 6, 17, 20 e 21. As plantações de eucalipto são cultivadas nas FOSBs 7, 8 e 18. Como o eucalipto é uma das árvores de crescimento mais rápido, que consome uma quantidade enorme de água para crescer, o seu cultivo em grande escala não é amigo do ambiente. É preferível cultivar plantações de eucalipto em zonas alagadas. As FOSBs não são adequadas para o cultivo de plantações de eucalipto. O coberto florestal encontra-se nas FOSBs 5, 6, 7, 8, 9, 10, 11, 12, 13, 14, 15, 16 e 17.

Comprimento do curso de água e profundidade até ao lençol freático

Uma das novas contribuições no domínio dos estudos morfométricos ou das águas subterrâneas na VRB é a relação entre o comprimento do curso de água e a profundidade do lençol freático (DWT) nas FOSBs. A análise revela que as OBWs situadas em FOSBs com maior comprimento de curso de água apresentam uma DWT pouco profunda e, por vezes, média. O estudo da flutuação do DWT de OBWs em FOSBs revelou uma contribuição nova e revolucionária no domínio do conhecimento. Foram examinados os valores de DWT de OBWs em FOSBs antes da monção (abril), depois da monção (agosto), em novembro e em janeiro (Quadro 6.6) e revelam que, em geral, os cursos de água de primeira e segunda ordem com maior comprimento são mais produtivos do que quaisquer outros FOSBs (Joji et al, 2001a). A flutuação é também muito limitada e, por vezes, pode mesmo resultar num aumento da DWT, o que estabelece que a DWT diminui geralmente com o aumento do comprimento do curso de água, mas podem ocorrer variações devido a actividades geológicas, naturais e antropogénicas. Se a DWT for D e o comprimento do curso de água for L, então

$$L \propto 1 / D; \quad L = C \times 1 / D; \quad \therefore LD = C, \text{ onde C é uma constante.}$$

Quadro 6.6: Comprimento do curso de água, profundidade do lençol freático e flutuação das OBWs nas FOSBs

OBW	FOSB	Stream length in different orders, Km		Depth to the water table, mbgl					Fluctuation,98 April with 99 April
		1st	2nd	98 April.	98 Aug	98 Nov	98 Jan	99 April	
Peringur	21	20.5	6.0	2.42	2.06	1.71	1.98	2.03	+ 0.39
Ponmudi	10	13.0	8.0	1.95	1.76	1.58	1.77	Dry	-
Pangode	5	20.5	6.0	7.28	4.26	3.88	4.76	6.48	+0.80
Kallar	13	10.0	2.5	5.30	4.51	3.41	5.14	5.16	+0.14
Panavoor	18	33	6.0	2.39	2.13	2.03	2.11	2.21	+0.18

A infiltração nas FOSBs depende principalmente do material da superfície e do declive do terreno. Como as FOSBs se situam em terrenos médios e montanhosos e o declive é geralmente em direção ao lado ocidental da VRB, o escoamento será elevado quando comparado com os terrenos de planície. As taxas de infiltração das diferentes unidades de solo nas FOSBs, como a laterite, a argila florestal, o solo hidromórfico castanho (BHS) e o aluvião ribeirinho, são de 10-20, 28, 5-10, 60-100 cm/h, respetivamente (Dhinakaran, 1990). As FOSBs têm declives suaves, moderados, íngremes e muito íngremes. O declive aumenta o escoamento e conduz a inundações a jusante durante os períodos de monção.

Os deslizamentos de terras/deslizamentos de terras são registados em diferentes FOSBs 8, 9, 10, 11, 12, 13, 14, 15 e 16, situadas no sopé dos Ghats Ocidentais. As FOSB-11 e 15, com faces escarpadas, desenvolveram-se devido a deslizamentos de terras seguidos de erosão. As principais razões para os deslizamentos de terras são a gravidade, a diminuição da resistência ao cisalhamento, a humidade excessiva, as alterações químicas, as fracturas nas rochas e a diminuição da estabilidade do declive.

A distribuição da população nas FOSBs é menor quando comparada com outras partes da VRB, especialmente as zonas costeiras de Anjengo, Chirayinkil e Kadakkavoor. Uma das peculiaridades observadas nas FOSB é o facto de nenhuma das FOSB ter sido alvo de urbanização. Apenas uma área urbana em VRB é a área municipal de Attingal e exclui todas as 21 FOSBs.

Capítulo 7

Abordagem Delphi para a política de gestão da água

O conceito de gestão das águas subterrâneas centra-se no estabelecimento de normas que conduzem à otimização dos factores necessários para a utilização económica dos recursos sem perturbar irrevogavelmente o sistema e tem sido utilizado para englobar todas as actividades incluídas na exploração, estimativa e desenvolvimento consideradas necessárias para o planeamento e a utilização económica das águas subterrâneas (Maitra e Ghose, 1992). O presente estudo sobre a gestão das águas superficiais e sub-superficiais em Kerala baseia-se nas conclusões de um estudo fundamentado pelo consenso de opiniões obtidas de peritos que trabalham em diferentes domínios de estudo através do método Delphi. Este estudo é motivado pela experiência no terreno e pelo sentimento geral do público durante o estudo do VRB.

A disponibilidade de água em diferentes blocos da VRB revelou uma escassez geral de água durante o período de escassez. A VRB está situada numa das regiões da Índia onde a precipitação é mais abundante. É mais do que tempo de reflectir sobre as necessidades hídricas da VRB e de conservar a água para o futuro. O potencial de água de superfície da VRB é estimado em 526 MCM, a água de superfície líquida disponível para desenvolvimento a partir de quatro lagoas investigadas é de 99460 m^3 , a recarga recuperável a partir da precipitação (recarga de água subterrânea) é de 3846,0635 ha.m.

O Estado de Kerala é uma faixa estreita de terra que cobre uma área de 38863 km2 e faz fronteira com o Mar de Lakshadweep, a oeste, e com os Estados de Tamil Nadu e Karnataka, a leste, com um comprimento costeiro de 560 km e uma largura média de 70 km, com um máximo de 125 km. Situa-se entre as latitudes norte 08^0 18' e 12^0 48' e as longitudes leste 74^0 52' e 77^0 22' (Fig. 7.1), com três zonas fisiográficas, nomeadamente (i) as terras altas no lado oriental, situadas 76 m acima do nível do mar, (ii) as terras médias, entre as terras baixas e as terras altas, situadas entre 76 m e 7,6 m, e (iii) as terras baixas no lado ocidental, situadas entre 7,6 m e o nível do mar. Geologicamente, 88% do Estado está coberto por rochas cristalinas de idade arqueana, que fazem parte do escudo peninsular. Embora o estado de Kerala receba chuvas abundantes, a disponibilidade de água doce per capita é baixa devido à natureza muito inclinada da fisiografia, a maior parte do escoamento superficial é naturalmente desperdiçada e o máximo de precipitação ocorre durante a monção, concentrando-se durante 6-7 dias (Joji, 2000). Pode presumir-se que as várias questões naturais, geológicas, antropogénicas e sociocientíficas são quase idênticas às de outras grandes bacias hidrográficas de Kerala. Neste contexto, foi realizado um estudo de opinião de peritos para determinar os parâmetros naturais, geológicos, antropogénicos e sociocientíficos que afectam as águas superficiais e sub-superficiais das bacias hidrográficas de Kerala. A metodologia utilizada é conhecida na literatura como Delphi, que é discutida na secção seguinte.

Fig.7.1: Mapa de localização do Estado de Kerala

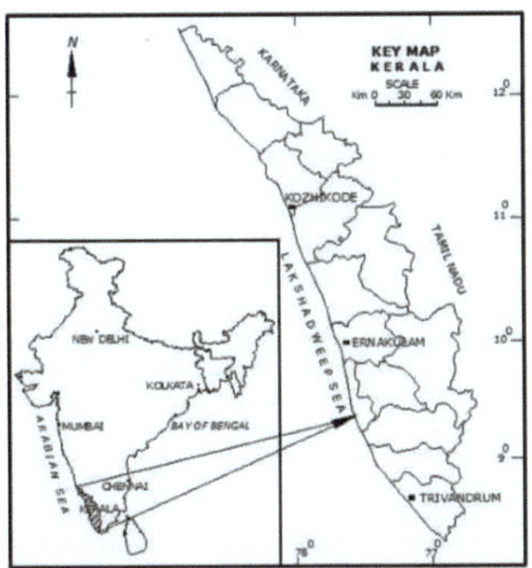

O estudo baseia-se num questionário denominado Delphi, tal como referido nos Apêndices I e II. A Secção Técnica (Geologia) foi atribuída a Hidrogeólogos, Geólogos, Geofísicos, Engenheiros Civis, Cientistas Agrícolas com contribuições no domínio do estudo da gestão da água. A secção técnica (sócio-económica-científica) foi atribuída a economistas, cientistas políticos, ambientalistas e decisores políticos. Os peritos são oriundos de diferentes partes de Kerala e de fora do Estado. No total, 46 peritos participaram e devolveram os questionários. A primeira ronda de Delphi não permitiu chegar a um consenso sobre todas as questões. Por conseguinte, foi efectuada a segunda ronda do estudo Delphi. Foram efectuados vários tipos de análise estatística pelo SPSS 16.0 para WINDOWS. Os dados foram processados por ordem ascendente e registou-se o valor mediano (Q2) como resposta a cada pergunta. Para conhecer a dispersão das opiniões, foram determinados os valores Q3-Q1 para cada resposta. As respostas com valor Q3-Q1 igual a 1 são consideradas como instâncias de consenso perfeito, até 2 consensos razoavelmente bons, 2 consensos e mais de 2 sem consenso. Q1 e Q3 são os desvios do primeiro quartil e do terceiro quartil, respetivamente.

Os resultados da opinião dos peritos na primeira e segunda rondas são compilados (Quadro 7.1). Pode notar-se que existe um consenso perfeito de opinião entre os peritos sobre a direção e densidade das fracturas superficiais e profundas como um dos parâmetros geológicos que controlam o potencial das águas subterrâneas numa bacia hidrográfica; enquanto que um consenso razoavelmente bom para a taxa de descarga e recarga; consenso para a espessura da zona meteorizada, litologia e profundidade do leito rochoso, porosidade e permeabilidade. Os peritos chegaram a um consenso perfeito e a um consenso bastante bom sobre a distribuição e a profundidade da precipitação, o tipo de unidades de relevo/geomorfologia, o declive, o clima e o material de superfície como parâmetros naturais que controlam o potencial das águas subterrâneas numa bacia hidrográfica. O consenso perfeito, o consenso razoavelmente bom e o consenso de opinião entre os peritos relativamente aos parâmetros antropogénicos que afectam o potencial de disponibilidade de água subterrânea numa bacia hidrográfica são a alteração da cobertura do solo e do padrão de cultivo, a alteração da topografia, a densidade populacional, a extração de areia dos leitos dos rios, a extração de argila, a desflorestação e a subsequente erosão do solo, a exploração excessiva das águas superficiais e sub-superficiais e o desenvolvimento urbano/suburbano. A flutuação do nível da água e a vegetação obtiveram consenso e consenso perfeito, respetivamente, na segunda ronda de respostas do grupo.

Os peritos são perfeitamente consensuais quanto à construção de barreiras de contorno paralelas às curvas de nível, diques de subsuperfície (barragens de membrana) ao longo de vales estreitos ("yelas"), barragens de controlo, barragens de subsuperfície e açudes no caso das terras altas e tanques de percolação nas terras médias e médias baixas para a recolha de águas pluviais; e consenso de opinião sobre métodos de recarga artificial para a bacia, inundação, irrigação, escoamento superficial (quando a taxa de infiltração é baixa) a jusante da bacia hidrográfica. Consenso bastante bom e consenso de opinião em relação às restrições técnicas para a instalação de estruturas de recolha de águas pluviais no telhado e de estruturas de recolha de água como as condições hidrogeológicas e hidrogeoquímicas, o investimento inicial para a construção de estruturas e a estrutura do edifício, o clima, a geologia e a cobertura do solo e a mesma opinião em relação às medidas para minimizar a intrusão de água salina como a bombagem controlada com monitorização da salinidade das águas subterrâneas e a definição do cone de influência dos poços de bombagem, a recarga artificial utilizando poços de recarga; e construção de aterros, barragens de fecho, barras transversais ventiladas (VCB) e açudes. É perfeitamente consensual que factores como a geologia, a geomorfologia, a inclinação do terreno e as necessidades hídricas de uma zona devem ser considerados para a construção de estruturas de recarga artificial, como diques subterrâneos e barragens de controlo nos canais fluviais. Consenso perfeito em relação ao método de recolha de água por valas e sulcos para o terreno ondulado nas zonas médias e altas e ao método de poço de recarga (dispersão) para as zonas afectadas pela intrusão de água salgada; e consenso de opinião sobre a instalação de estruturas de recolha de água da chuva no telhado obtido durante a segunda ronda de respostas do grupo.

As estruturas de captação de águas subterrâneas propostas para as diferentes províncias de águas subterrâneas em Kerala são poços de filtragem para a faixa arenosa costeira, poços de irrigação de grande diâmetro para a zona de enchimento de vales intermontanos, poços tubulares para terrenos sedimentares, poços para zonas com rochas cortadas e fracturadas, poços domésticos escavados a céu aberto para terrenos lateríticos e planaltos orientais, poços horizontais em túnel (Surangams) podem ser feitos em encostas montanhosas lateríticas e galerias de infiltração para leitos de rios com espessura aluvial adequada (consenso de opinião). Por outro lado, existe um consenso de opinião sobre a identificação e a renovação de nascentes e a água dos sistemas de remanso, kayals, etc., não deve ser desviada para qualquer outro fim, uma vez que evita a intrusão de água salgada; existe um consenso perfeito de opinião sobre a desertificação periódica de tanques/lagos para aumentar a sua capacidade de retenção de água. Os peritos chegaram a um consenso perfeito quanto à prevenção do desvio direto do escoamento dos rios e à construção de poços de irrigação e escavados a 15 m de distância dos rios e dos remansos. Consenso razoavelmente bom e consenso de opinião sobre a prevenção do desvio direto da água dos remansos e sobre a prevenção do roubo de águas subterrâneas, respetivamente. Na segunda ronda de respostas do grupo, os poços tubulares pouco profundos para aluviões costeiros e planícies de remansos e os poços domésticos escavados a céu aberto para terrenos lateríticos e planaltos orientais de Kerala são as estruturas de captação de águas subterrâneas. Na segunda ronda de respostas, os peritos recomendaram que a instalação de estruturas de recolha de águas pluviais no telhado fosse obrigatória em todas as "futuras casas e edifícios" (consenso de opinião).

O uso de anti-transpirantes e o fornecimento de stress no período de armazenamento não crítico das culturas (consenso perfeito), o cultivo de espécies com menor evapotranspiração (consenso razoavelmente bom) e a reciclagem e gestão de águas residuais (consenso de opinião) são métodos sugeridos para reduzir o uso consuntivo e os especialistas são de opinião que a aspersão pode economizar 20-30% de água em relação ao método de irrigação de superfície e o cultivo de eucalipto deve ser restrito apenas a áreas com água (consenso perfeito); e o gotejamento pode poupar 70-80% de água em relação ao método de irrigação de superfície (consenso de opinião - na segunda ronda).

A disponibilidade de água pode ser melhorada incentivando a participação das pessoas e das ONG a nível das bases nas medidas de conservação da água e nas actividades de irrigação e os problemas e soluções ambientais imprevistos devem estar à mão (consenso perfeito), a escolha de uma cultura com poucas necessidades de água e a adoção de medidas legislativas rigorosas para evitar o desvio direto do escoamento dos rios e da água dos remansos, o roubo de águas subterrâneas e a restrição de uma distância mínima de 15 m dos rios e dos remansos para a construção de poços domésticos e de irrigação (consenso bastante bom) e a possibilidade de uma abordagem integrada das águas superficiais e sub-superficiais é necessária para encontrar soluções a curto e a longo prazo para a água potável nas zonas de montanha e nas zonas intermédias (consenso perfeito)

As consequências da comercialização da água de superfície (água dos rios) podem limitar o acesso dos agricultores à água de superfície (água dos rios) e a utilização excessiva da água dos rios para fins não agrícolas aumentará o custo das áreas de irrigação. Pode também provocar a redução das terras cultiváveis (terras aráveis), o abaixamento do nível da água dos rios provocará a intrusão de água salgada perto das zonas costeiras e aumentará as receitas do Estado sem qualquer despesa, e a comercialização da água evita a utilização excessiva e desperdiçadora da água (consenso bastante bom); a diminuição da disponibilidade de águas superficiais (águas fluviais) e o abaixamento do nível das águas subterrâneas aumentarão o custo de utilização das águas subterrâneas, mudarão o estatuto da água de "bem livre" para "mercadoria a preço fixo" e destruirão a biodiversidade e a disponibilidade de recursos - flora e fauna - das massas de água. Os peritos são de opinião que a descida do nível das águas subterrâneas será uma das consequências da comercialização (segunda ronda).

Na primeira e na segunda ronda de respostas dos grupos, não houve opinião nem acordo, com uma margem bastante grande, sobre a questão de colocar os rios do país sob o controlo do Governo Central, respetivamente, mas houve consenso de opinião sobre a colocação dos rios do Estado sob o controlo do Governo do Estado e, se os rios fossem colocados sob o controlo do Governo, deveriam ser adoptadas as seguintes prioridades o interesse dos agricultores deve ter prioridade máxima, a água não deve ser comercializada e não deve ser dado ao sector privado qualquer direito exclusivo de utilização da água dos rios e, por outro lado, os peritos discordaram da opinião de que "a água não deve ser considerada um recurso de propriedade comum (consenso perfeito)"; e os peritos são de opinião que a descarga controlada dos rios deve ser mantida de acordo com as estipulações do Governo e que o Comité Bilateral, o Tribunal, o Comité Consultivo, o Comité Ministerial, o Comité de Nível Nacional, do qual o Primeiro-Ministro é o Presidente, devem participar na resolução de litígios sobre a água e, se os litígios sobre a água entre Estados não puderem ser resolvidos pelos respectivos Estados e outros organismos governamentais, o poder judicial deve intervir (consenso).

O padrão de cultivo deve ser praticado de forma a minimizar a erosão do solo, só deve ser permitida a extração sustentável e selectiva de areia de rios e remansos e a recuperação (conversão) de arrozais/ecossistemas de zonas húmidas deve ser legalmente proibida, são as opiniões consensuais dos peritos; e um consenso perfeito em relação à não implementação do Projeto de Irrigação de Vamanapuram (VIP) proposto, uma vez que a maioria dos arrozais se encontra em várias fases de recuperação. As actividades de conservação da água devem ser levadas a cabo por ONG formadas e não por organismos governamentais e a extração de argila dos arrozais deve ser proibida, de acordo com as opiniões consensuais dos peritos na segunda ronda. No caso das actividades de conservação da água, os peritos também sugeriram várias propostas, tais como esforços conjuntos de ONG formadas e organismos governamentais, no âmbito da administração local autónoma (ALG) e a participação das pessoas a nível das bases.

Sugestões de políticas

Com base em estudos sobre o VRB em terrenos cristalinos e no método Delphi, as principais **medidas políticas** recomendadas para tornar mais eficiente a gestão das bacias hidrográficas nos aquíferos cristalinos de Kerala são as seguintes

1. Devem ser adoptados diferentes tipos de métodos de recarga para a recolha de águas pluviais.
2. Devem ser adoptados diferentes tipos de estruturas de captação de águas subterrâneas para as diferentes províncias de águas subterrâneas das bacias hidrográficas.
3. a identificação e a renovação das nascentes e das águas dos sistemas de remanso, dos kayals, etc., não devem ser desviadas para outros fins.
4. a desertificação periódica dos tanques/lagos deve ser praticada para aumentar a sua capacidade de retenção de água.
5. a instalação de estruturas de recolha de águas pluviais no telhado deve ser obrigatória em todas as "futuras casas e edifícios".
6. os métodos de irrigação por aspersão e gota a gota devem ser adoptados em vez do método de irrigação

de superfície e o cultivo do eucalipto deve ser restringido apenas às zonas com lençóis de água.

7. a disponibilidade de água deve ser melhorada através do incentivo à participação das pessoas e das ONG a nível das bases nas medidas de conservação da água e nas actividades de irrigação

8. é necessária uma abordagem integrada das águas superficiais e sub-superficiais para encontrar soluções a curto e a longo prazo para a escassez de água potável nas zonas de montanha e nas zonas intermédias

9. as águas de superfície (águas fluviais) das bacias hidrográficas não devem ser comercializadas, pois têm vários impactos adversos

10. os rios do Estado devem ser mantidos sob o controlo do Governo do Estado e a água deve ser considerada como um bem comum

11. o litígio sobre a água entre os Estados pode ser resolvido adoptando as seguintes medidas: descarga controlada de acordo com as estipulações do Governo, comité bilateral, tribunal, comité consultivo, comité ministerial, comité de nível nacional em que o PM é o presidente deve participar na resolução do litígio sobre a água e se o litígio sobre a água entre os Estados não puder ser resolvido pelos respectivos Estados e outros organismos governamentais, o poder judicial deve intervir

12. o padrão de cultivo nas bacias hidrográficas de Kerala deve ser praticado de forma a minimizar a erosão do solo

13. a recuperação (conversão) de arrozais / ecossistemas de zonas húmidas deve ser legalmente proibida

14. o controverso projeto de irrigação de Vamanapuram (VIP) não deve ser executado, uma vez que a maioria dos arrozais se encontra em várias fases de recuperação.

15As actividades de conservação da água devem ser praticadas através de esforços conjuntos de ONGs formadas e organismos governamentais, no âmbito do governo autónomo local e da participação das pessoas a nível das bases.

16. Os   factores de controlo que afectam a disponibilidade/potencial de água e que devem merecer a maior atenção dos decisores são os factores antropogénicos, tais como a exploração excessiva das águas superficiais e subterrâneas, a desflorestação e a subsequente erosão dos solos e a alteração da topografia (Joji et al, 2014).

Quadro 7.1: Resultados da primeira ronda de respostas dos grupos A, Secção Técnica (Geologia)

Qtn.	IA	IB	IC	ID	IE	IF	IG	IIA	IIB	IIC	IID	IIE	IIF
Q2	2	1.5	2	1	2	3	0	3	1	2	2	1	1
Q3-Q1	2	1	2	1.75	2	2	2.5	1.75	2.5	1.75	1.75	1	1
Qtn.	IIIA	IIIB	IIIC	IIID	IIIE	IIIF	IIIG	IIIH	IVA	IVB	IVC	IVD	IVE
Q2	2	1	2	1	1	1	1.5	1	1	1	1	1	1
Q3-Q1	1	1	2	2	2	1	1.75	1	2	2.75	2.75	2.75	2
Qtn.	IVF	IVG	IVH	VA	VB	VC	VIA	VIB	VIC	VII	VIIIA	VIIIB	VIIIC
Q2	1	1.5	1	1	1	1	3	2	1	3	2	2	1.5
Q3-Q1	1	1	1	2	1.75	1.75	1.75	2	1.75	1	2	3	2
Qtn.	VIIID	VIIIE	VIIIF	VIIIG	VIIIH	IX	X	XI	XII	XIIIA	XIIIB	XIIIC	XIIID
Q2	2	2	2	1	1.5	1	1	1.5	1	1	1	1	1
Q3-Q1	2	2.75	2	2	2	2.75	2	1	2	1.75	1	2	1
Qtn.	XIV	XVA	XVB	XVC	XVIA	XVIB	XVII	XVIIIA	XVIIIB	XVIIIC	XVIIID		
Q2	2	1.5	1	1	2.5	1	1	2	3	1.5	1		
Q3-Q1	1.75	2	1.75	1	2.75	1	1	1.75	1	1.75	0.75		

Quadro 7.1: Resultados da primeira ronda de respostas dos grupos

B, Technical Section (Socio- Economic- Scientific)

Qtn.	IA	IB	IC	ID	IE	IF	IG	IH	II	IJ	IK	II	III
Q2	1	1	1	1.5	1	1	1	1	1	1	1	0	-1
Q3-Q1	2	1	3	2	1	1.25	2	1.25	2	1.25	1.25	3	2.25

Qtn.	IVA	IVB	IVC	IVD	VA	VB	VC	VD	VI	VII	VIII	IX	X
Q2	3	1	1	-1	1	1	1	1.5	1	2	2	1	0
Q3-Q1	2	4	3	2.25	3	1	1	2	3	2	2	2.25	1

Qtn.	XI
Q2	1
Q3-Q1	2

Quadro 7.1: Resultados da primeira ronda de respostas dos grupos C, Resultados da segunda ronda de respostas dos grupos Secção Técnica (Geologia)

Qtn.	I	II	III A	III B	III C	IV A	IV B	V	VI
Q2	1	1	1	1	2	2	2	3	2
Q3-Q1	2	1	1	1	2	1	2	2	2

Quadro 7.1: Resultados da primeira ronda de respostas do grupo D, Secção Técnica (Sócio-económico-científica)

Qtn.	VII	VIII	IX	XA	XB	XC	XI	XII
Q2	2	-1	0	1	1	-1	1	1
Q3-Q1	2	-1	0	1	1	-1	1	1

Apêndice I: Questionário Delphi (primeira ronda)

Por favor, dê a sua opinião na escala de sete pontos abaixo descrita (1 / 2 / 3 / 4 / 5 / 6 ou 7).
1-Concordo plenamente ; 2-Concordo moderado; 3- Concordo; 4- Sem opinião; 5- Discordo; 6- Discordo moderado; 7- Discordo plenamente

Secção Técnica (Geologia)

I Os parâmetros geológicos que controlam o potencial das águas subterrâneas numa bacia hidrográfica são os seguintes

A. Espessura da zona meteorizada
B. Direção e densidade das fracturas superficiais e profundas
C. Litologia e profundidade do leito rochoso
D. Taxa de descarga e recarga
E. Porosidade
F. Permeabilidade
G. Flutuação do nível da água

II Os parâmetros naturais que controlam o potencial das águas subterrâneas numa bacia hidrográfica são os seguintes

A. Distribuição e profundidade da precipitação
B. Vegetação
C. Tipo de unidades de relevo / Geomorfologia
D. Declive
E. Clima
F. Material da superfície

III Os parâmetros antropogénicos que afectam a disponibilidade/potencial de água subterrânea numa bacia hidrográfica são os seguintes

A. Alteração da ocupação do solo e do padrão de cultivo
B. Alteração da topografia
C. Densidade populacional
D. Extração de areia dos leitos dos rios
E. Extração de argila
F. Desflorestação e subsequente erosão do solo
G. Exploração excessiva das águas superficiais e sub-superficiais
H. Desenvolvimento urbano e suburbano

IV A bacia hidrográfica de um rio recebe uma precipitação anual normal de cerca de 3000 mm. Os métodos de recarga sugeridos para a recolha de água da chuva são

A. Bacia, inundação, irrigação, escoamento superficial (quando a taxa de infiltração é baixa) métodos de recarga artificial a jusante.
B. Método de valas e sulcos para terrenos ondulados nas zonas médias e altas
C. Método do poço de recarga (dispersão) para zonas afectadas pela intrusão de água salgada
D. Instalação de estruturas de recolha de águas pluviais no telhado
E. Construção de barreiras de contorno paralelas às curvas de nível
F. Construção de diques de sub-superfície (barragens de membrana) em vales estreitos ("yelas")
G. Construção de barragens de retenção, barragens de sub-superfície e açudes no caso das terras altas.
H. Construção de tanques de percolação em Midland e Lower Midlands

V Condicionalismos técnicos para a instalação de estruturas de recolha de águas pluviais no telhado e de estruturas de recolha de água

A. Condições hidrogeológicas e hidrogeoquímicas
B. Investimento inicial para a construção de estruturas
C. Estrutura do edifício, clima, geologia e cobertura do solo
D. As medidas sugeridas para minimizar a intrusão de água salgada são
A. Bombagem controlada com monitorização da salinidade das águas subterrâneas e definição do cone de influência dos poços de bombagem

B.   Recarga artificial através da utilização de poços de recarga
C.   Construção de aterros, barragens de fecho, barras transversais ventiladas (VCB) e açudes
VII A geologia, a geomorfologia, o declive do terreno e as necessidades hídricas de uma zona devem ser tidos em conta para a construção de estruturas de recarga artificial, como diques subterrâneos e barragens de controlo nos canais fluviais
As VIII estruturas de captação de águas subterrâneas propostas para as diferentes províncias de águas subterrâneas são
A.   Poços com ponto de filtragem para a faixa arenosa costeira
B.   Poços tubulares pouco profundos para aluviões costeiros e planícies de remanso
C.   Poços de irrigação de grande diâmetro para a zona de enchimento do vale intermontano
D.   Poços tubulares para terrenos sedimentares
E.   Poços domésticos escavados a céu aberto para terrenos lateríticos e planaltos orientais
F. Furos   de sondagem em zonas com rochas cisalhadas e fracturadas
G.   Os poços em túnel horizontal podem ser construídos em encostas montanhosas lateríticas
H.   Galerias de infiltração para leitos de rios com espessura adequada de aquíferos aluviais
IX A instalação de estruturas de recolha de águas pluviais no telhado deve ser obrigatória em todas as "futuras casas e edifícios".
X A identificação e a renovação de nascentes são encorajadas, uma vez que são rentáveis
XI A desertificação periódica dos tanques/lagos e tanques de percolação aumentará a capacidade de retenção de água
XII A água dos sistemas de remansos, kayals, etc., não deve ser desviada para outros fins, uma vez que evita a intrusão de água salgada
XIII Adoção e aplicação de medidas legislativas rigorosas
A.   Impedir o desvio direto da água dos remansos
B.   Impedir o desvio direto do escoamento do rio
C.   Para evitar o roubo de águas subterrâneas
D. A irrigação e os poços escavados podem ser construídos a 15 m de distância dos rios e dos remansos em ambas as margens **XIV É necessária uma abordagem integrada das águas superficiais e sub-superficiais para encontrar soluções a curto e a longo prazo para a água potável nas zonas de montanha e nas zonas intermédias XV Os métodos sugeridos para reduzir a evapo-transpiração (utilização consumptiva) são**
A.   Reciclagem e gestão das águas residuais
B.   Cultivo de espécies com menor evapotranspiração
C.   Utilização de anti-transpirantes e fornecimento de stress no período de armazenamento não crítico das culturas
XVIAs vantagens   da adoção da rega gota-a-gota ou por aspersão são
A.   O gotejamento pode poupar 70-80% de água em relação ao método de irrigação de superfície
B.   Os aspersores podem poupar 20-30% de água em relação ao método de irrigação de superfície
XVIA cultura   do eucalipto deve ser limitada apenas às zonas alagadas
XVIIIA   disponibilidade de água   pode ser melhorada através de
A.   Escolha de uma cultura com baixa necessidade de água
B.   Incentivar a participação das pessoas e das ONG a nível das bases nas medidas de conservação da água e nas actividades de irrigação
C.   Medidas legislativas rigorosas para impedir o desvio direto do escoamento dos rios e das águas dos remansos, o roubo de águas subterrâneas e a restrição de uma distância mínima de 15 m dos rios e dos remansos para a construção de poços domésticos e de irrigação
D.   Os problemas ambientais imprevistos e as soluções devem estar à mão

Secção Técnica (Sócio-Económica-Científica)

I As consequências da comercialização da água são
A.   A disponibilidade de águas superficiais (águas fluviais) diminuirá
B.   O acesso dos agricultores às águas de superfície (águas fluviais) será restringido
C.   A utilização em grande escala da água dos rios fará baixar o nível das águas subterrâneas

D.   O abaixamento do nível da água subterrânea aumentará o custo de utilização da água subterrânea

E.   A utilização excessiva da água do rio para fins não agrícolas aumentará o custo da irrigação

F. A utilização excessiva da água do rio para fins não agrícolas reduzirá as terras cultiváveis (terras aráveis)

G.   A comercialização da água irá deslocar o estatuto da água de "bem livre" para "mercadoria com preço

H.   A descida do nível da água dos rios provocará a intrusão de água salgada nas zonas costeiras

I.   Se se verificar a situação acima referida na IH, a biodiversidade e a disponibilidade de recursos (flora e fauna das massas de água) serão   destruídas

J.   A comercialização da água do rio aumentará as receitas do Estado sem qualquer despesa

K.   A comercialização da água evita a sua utilização excessiva e o seu desperdício

II   Todos os rios devem ser colocados sob o controlo do Governo central.

III   Todos os rios devem ser colocados sob o controlo do Governo do Estado.

Se   os rios passassem para o controlo do Governo, deveriam ser adoptadas as seguintes prioridades

A.   Deve ser dada prioridade máxima aos interesses dos agricultores

B.   A água não deve ser comercializada

C.   O sector privado não deve ter o direito exclusivo de utilizar a água dos rios

D.   A água não deve ser considerada como um bem comum (C P)

V.   O conflito sobre a água entre os Estados pode ser resolvido adoptando as seguintes medidas

A. A descarga controlada deve ser mantida de acordo com as estipulações do Governo.

B. O comité bilateral, o tribunal, o comité consultivo, o comité ministerial e o comité a nível nacional, presidido pelo primeiro-ministro, devem participar na resolução dos litígios relativos à água

C.   Se o litígio sobre a água entre Estados não puder ser resolvido pelos respectivos Estados e outros organismos governamentais, o poder judicial deve intervir

VI   As actividades de conservação da água devem ser levadas a cabo por ONG formadas e não por organismos governamentais

VII   O padrão de cultivo deve ser praticado de forma a minimizar a erosão do solo

VIII   Só deve ser permitida a extração sustentável e selectiva de areia de rios e remansos

IX   A extração de argila dos arrozais pode ser proibida

X   O Projeto de Irrigação de Vamanapuram (VIP) proposto não deve ser implementado, uma vez que a maioria dos arrozais se encontra em várias fases de recuperação

XIReclamação/conversão de arrozais e ecossistemas de zonas húmidas deve ser legalmente proibida

Apêndice II: Questionário Delphi (segunda ronda)

Resposta numa escala de 7 pontos
1- Concordo fortemente; 2 - Concordo moderadamente; 3- Concordo; 4- Sem opinião; 5- Discordo; 6 - Discordo moderadamente; 7- Discordo fortemente

Secção Técnica (Geologia)

I. A flutuação do nível da água é um dos parâmetros geológicos que controlam o potencial das águas subterrâneas numa bacia hidrográfica

(A resposta do grupo a esta pergunta na primeira ronda foi "sem opinião", com uma diferença bastante grande)

II. A vegetação é um dos parâmetros naturais que controlam o potencial de água subterrânea numa bacia hidrográfica

(A resposta do grupo a esta pergunta na primeira ronda foi "concordo", com uma diferença bastante grande)

III. Uma bacia hidrográfica recebe uma precipitação anual normal de cerca de 3000 mm. Os métodos de recarga sugeridos para a recolha de água da chuva são

A. Método de vala e sulco para o terreno ondulado nas zonas médias e altas (a resposta do grupo a esta pergunta na primeira ronda foi "concordo" com uma distribuição bastante ampla) B. Método do poço de recarga (dispersão) para as zonas afectadas pela intrusão de água salgada (a resposta do grupo a esta pergunta na primeira ronda foi "concordo" com uma distribuição bastante ampla) C. Instalação de estruturas de recolha de águas pluviais no telhado

(A resposta do grupo a esta pergunta na primeira ronda foi "concordo", com uma diferença bastante grande)

IV As estruturas de captação de águas subterrâneas propostas para as diferentes províncias de águas subterrâneas são

A. Poços tubulares pouco profundos para aluviões costeiros e planícies de remanso

(A resposta do grupo a esta pergunta na primeira ronda foi "concordo moderadamente", com uma diferença bastante grande)

B. Poços domésticos escavados a céu aberto para terrenos lateríticos e planaltos orientais

(A resposta do grupo a esta pergunta na primeira ronda foi "concordo moderadamente", com uma dispersão bastante grande)

V. A instalação de estruturas de recolha de águas pluviais no telhado deve ser obrigatória em todas as "futuras casas e edifícios".

(A resposta do grupo a esta pergunta na primeira ronda foi "concordo", com uma diferença bastante grande)

VI. A irrigação por gotejamento pode economizar 70-80% de água em relação ao método de irrigação por superfície

(A resposta do grupo a esta pergunta na primeira ronda foi moderadamente positiva, com uma diferença bastante grande) **Secção Técnica (Socioeconómica-Científica)**

VII.A   utilização em larga escala da água dos rios (águas superficiais) fará baixar o nível das águas subterrâneas como consequência da comercialização da água dos rios

(A resposta do grupo a esta pergunta na primeira ronda foi "concordo", com uma dispersão bastante grande) VIII Todos os rios do país devem ser colocados sob o controlo do Governo central (A resposta do grupo a esta pergunta na primeira ronda foi "não concordo", com uma dispersão bastante grande) IX Todos os rios do Estado devem ser colocados sob o controlo do Governo estadual

(A resposta do grupo a esta pergunta na primeira ronda foi "discordo", com uma diferença bastante grande)

X Se os rios passarem para o controlo do Governo, devem ser adoptadas as seguintes prioridades

A. A   água não deve ser comercializada

(A resposta do grupo a esta pergunta na primeira ronda foi "concordo", com uma diferença bastante grande)

    B.   O sector privado não deve ter o direito exclusivo de utilizar a água dos rios

(A resposta do grupo a esta pergunta na primeira ronda foi "concordo", com uma diferença bastante grande)

    C.   A água não deve ser considerada como um bem comum (C P)

(A resposta do grupo a esta pergunta na primeira ronda foi "discordo", com uma dispersão bastante grande) XI As actividades de conservação da água deveriam ser levadas a cabo por ONG formadas e não por organismos governamentais (A resposta do grupo a esta pergunta na primeira ronda foi "concordo", com uma dispersão bastante grande) **XII A extração de argila dos arrozais pode ser proibida**

(A resposta do grupo a esta pergunta na primeira ronda foi "concordo", com uma diferença bastante grande)

Referências

Ajith Kumar S, Menon, Radhi D e Santhosh M (1995): Gem stones of Kerala. Kerala Calling, julho-agosto, pp.20-21.

Alison, E.C., Janet, S.H. e Blair, F.J. (1992). A influência química dos minerais de argila na composição das águas subterrâneas num aquífero carbonatado litologicamente heterogéneo. In: Kharaka YK, Meets AS (camas)

Anon[1] (1974): Water resources of Kerala. PWD, Governo de Kerala, Thiruvananthapuram.

Anon[2] (1993): Perspective Plan for Conservation, Management and Development of Land Resources in Kerala State, KSLUB, Thiruvananthapuram.

Anon[3] (1994): Major Soils of Thiruvananthapuram District. Soil Survey Organisation, Soil Conservation Unit, Govt. of Kerala, Thiruvananthapuram.

Anon[4] (1999): Watershed based Development. Conselho de Planeamento do Estado de Kerala, Thiruvananthapuram, pp. 96.

Anon[5] (1981): Ground Water Resources of Kerala, CWRDM, Actas do Seminário sobre o Potencial de Recursos de Kerala, Kozhikode, pp.147

Anon[6] (1981): Water Resources of Kerala- Potential, Exploitation and Possibilities (Recursos Hídricos de Kerala - Potencial, Exploração e Possibilidades). Centro de Desenvolvimento e Gestão de Recursos Hídricos, Actas do Seminário sobre o Potencial de Recursos de Kerala, Kozhikode, pp.147.

Anon[7] (1981): Surface Water Year Book. Departamento de Irrigação, Governo de Kerala, Thiruvananthapuram.

Anon[8] (1982): Manual-Evaluation of aquifer parameters, CGWB, Faridabad, pp.176.

Anon[9] (1986): Gazetteer of India, Kerala State Gazetteer. (Ed) Adore KK Ramachandran, V.1, Govt. of Kerala, 401pp.

Anon[10] (1988): Springs in Kerala; an inventory. Relatório apresentado ao Comité Estatal de Ciência, Tecnologia e Ambiente, Governo de Kerala, CWRDM, Kozhikode, Unplug, pp.176.

Anon[11] (1989): Coastal Kerala Ground Water Project. CGWB, Região de Kerala, Thiruvananthapuram, pp. 333.

Anon[12] (1993): Computer applications for groundwater assessment and management. ESCAP, Nova Iorque

APHA (1985): Standard methods for the examination of water and wastewater. Associação Americana de Saúde Pública, Washington DC, pp.1268.

Bangar, K.S., Tiwari, S.C., Vermaandu, S.K. e Khadar, U.R. (2008). Qualidade das águas subterrâneas utilizadas para irrigação no distrito de Ujjain de Madhya Pradesh, Índia. Journal of Environmental Science Engineering, 50(3), 179-186

Barker, J. A. (1984). Workshop "Relação água doce - água salgada" sobre recursos hídricos de pequenas ilhas.
Suva, Fuji.

Basak, P e Abraham, S (1983): Saltwater intrusion in coastal aquifers of Thiruvananthapuram district. CWRDM, Kozhikkode.

Basak, P, James, E J e Kandasamy, L C (1989): Tanks and ponds of Kerala. Relatório apresentado ao Governo de Kerala, unsub.

Beck, B.F., Asmussen, L. e Leonard, R.S. (1985). Relationship of geology, physiography, agricultural land use and groundwater quality in south-west Georgia, Groundwater, GRWAAP 23(5): 627-634.

Bhar, A K (1991): Desenvolvimento de nascentes - Os Aspectos Hidrológicos. Hydrology J. of I A H, V. 14 (1), pp. 24-32.

Blake, R. (1989). A origem das águas com elevado teor de bicarbonato de sódio na Bacia de Otway, Vitória, Austrália. In: Miles DL (ed) Proceedings of the 6th International symposium on water-rock interaction (WRI-6), Malvern, Inglaterra, 83-85

Brayan, K (1919): Classification of springs. J. Geology, V. 27, pp.522-561.

Cerling, T.E., Pederson, B.L. e Damm K.L.V. (1989). Troca de iões sódio-cálcio na meteorização de xistos: Implications for global weathering budgets. Geologia, 17, 552-554

Chadha, D.K. (1999). Um novo diagrama proposto para a classificação geoquímica de águas naturais e interpretação de dados químicos. Hydrogeology Journal 7: 431-439.

Dinakaran, V (1990): Report on Reappraisal Hydrogeological Survey in Kasargode District, Kerala. CGWB, Thiruvananthapuram.

Doneen, L.D. (1964). Notes on water quality in agriculture, Publicado como um livro de ciências da água e Engenharia, Departamento de Ciências e Engenharia da Água, Universidade da Califórnia, documento 4001

Durfer, C.M. e Backer, E. (1964). Public water supplies of the three largest cities in the U.S., USGS Water supply paper No., 1812, pp.364

Airbridges, R W (1968): The encyclopaedia of Geomorphology. Reinhold Book Corporation, Nova Iorque, 1295 pp.

Ferguson, B K (1983): Whither Water? O frágil futuro do recurso mais importante do mundo. The Futurist, pp. 29 - 36.

Foster, M. D. (1950). A origem das águas com alto teor de bicarbonato de sódio nas planícies do Atlântico e da Costa do Golfo, Geochim Cosmochim Ata, 33-48.

Gholami S, Srikantaswamy S (2009) Análise do impacto agrícola na água do rio Cauvery em redor da barragem KRS. World Appl. Sci. J, 6(8), 1157-1169.

Gibbs, R.J. (1970). Mechanisms controlling World's Water chemistry (Mecanismos que controlam a química da água no mundo). Science. 170:1088-1090.

Goel, D K e Mishra, S S P (2000): Fluoride Enigma in Ground Water of Jabra District, Madhya Pradesh, Workshop on Strategies on Ground Water Management in Madhya Pradesh, Central Ground Water Board, Raipur.

Gopalakrishnan, K S, Sakthivel, M e Sunil Kumar, R (1997): Estudo geomorfométrico da bacia do rio Kaiya nas regiões dos Ghats ocidentais do distrito de Kanyakumari, Tamil Nadu, National Georg. J. of India, V. 43(4), pp.295-306.

Holland, T H (1900): The Charnockite series, a group of Archaen hypersthenic rocks in peninsular India. GSI, Mem., V.28, pp.182-249.

Horton, R E (1932): Drainage Basin Characteristics. Transacções da American Geophysical. Union, V.13, pp. 350-361.

Horton, R E (1945): The erosional development of streams and their drainage basins: hydrophysical approach to quantitative morphology. Bull. Geol. Soc. Am., V.56, pp. 275-370.

Indian Standards Institution (1983): Normas Indianas Especificação para água potável, IS 10500. ISI, Nova Deli.

Janardhan, A S, Newton R C e Smith, J V (1979): Ancient crustal metamorphism at low P $_{H2O}$, charnockite formation at Kabbal Durga. Nature, V.278, pp.511-514

Janardhan, A S, Newton, C e Hansen, B C (1982): The transformation of amphibolite gneisses to charnockites in S^n Karnadaka and N^n Tamil Nadu. Contrib. Mineral. Petrol, V. 79, pp.130-149.

Jawaharraj, N, Kumaraswamy, K e Ponnaiyan, K (1998): Morphometric Analysis of the Upper Noyil Basin, Tamil Nadu (Análise morfométrica da bacia superior de Noyil, Tamil Nadu). The Deccan Geographer, V. 36(2), pp.15-30.

Johnson, R.A. e Wichern, D. (2001). Applied Multivariate Statistical Analysis, (Nova Deli: Prentice Hall of India)

Joji, V S (2000): Ground Water Scenario in Kerala. Kerala Calling, janeiro, pp. 26-27

Joji, V S, Nair, A S K e Changat, M (2001a): Análise morfométrica das sub-bacias de quarta ordem de Bacia do rio Vamanapuram, Sul de Kerala, Índia. The Indian J. of Geomorphology, V.6 (1&2), pp.59-74, ISSN: 0973-2411

Joji, V S, Nair, A S K e Changat, M (2001b): Rainfall - Discharge Relationship Analysis of Vamanapuram River Basin, Southern Kerala, India. The Indian J. of Geomorphology, V. 6(1 &2), pp.145 -156, ISSN: 0973-2411.

Joji, V S, Nair, A S K e Changat, M (2001c): Geomorphology and Terrain characteristics of Vamanapuram River Basin, Southern Kerala, India. The Indian J. of Geology, V. 73, No. 4, pp.263- 270;ISSN: 0970-1374

Joji V S e Nair, A S K (2002a): O estudo das sub-bacias de quarta ordem da bacia hidrográfica do rio Vamanapuram,

Sul de Kerala, Índia. The Indian J. of Geomorphology, V.6 (1&2), pp.37-47; ISSN: 0973-2411

Joji, V S e Nair, A SK (2002b): The Sustainability of Water Resources in Vamanapuram River Basin, Southern Kerala, India. The Indian J. of Geomorphology, V. 7(1&2), pp.99-110; ISSN: 09732411

Joji, V S, Nair, A S K e Changat, M (2003): Ground Water Resource Potential of Vamanapuram River Basin, Southern Kerala, India. The Geographical Review of India, V.65, pp.56-65; ISSN-0375- 6386

Joji, V S e Nair, A S K (2004): The Sustainability of Land Resources in Vamanapuram River Basin, Southern Kerala, India. The Geographical Review of India, V.66 (2), pp.153-162; ISSN, 03756386

Joji, V S e Nair, A S K (2013): Características do terreno e comportamento longitudinal, uso da terra e perfis de cobertura da terra - um estudo de caso da bacia do rio Vamanapuram, sul de Kerala, Índia. Arabian Journal of Geosciences, Arab J. Geosci DOI 10.1007/s12517-012-0815-z.

Joji, V S, Nair, A S K e Changat, M (2014): Abordagem 'Delphi' para a política de gestão da água em Kerala, Índia, The Indian J. of Geomorphology, V. 19(1), pp.51-66, ISSN: 0973-2411.

Karanth, K K (1987): Ground Water Assessment, Development and Management, Tata Mc Graw-Hill Ltd, New Delhi, 720 pp.

Kelley, W.P. (1940). Permissible composition and concentration of irrigation water, In Proceedings of the American Society of Civil Engineering, 66, 607-613

Leopold, L B, Wolman, M C e Meller, J P (1964): Fluvial processes in geomorphology. Freeman & Co, São Francisco, 522 pp.

Lloyd, J.W. e Heathcote, J.A. (1985). Natural inorganic hydrochemistry in relation to groundwater: An Introduction. Clarendon Press, Oxford.

Maitra, M K e Ghose, NC (1992): Ground water Management- An application. Abhish Publishing House, Nova Deli, 301pp.

Martonne, E de (1950) : Traite de Geographie physique. Colin, Paris, 3 Vols.

May, A.L e Loucks, M.D. (1995). Solute and isotope geochemistry and groundwater flow in the Central Wasatch Range, Utah. Journal of Hydrology, 170, 795-840.

McIntosh, J.C. e Walter, L.M. (2006). Palaeowater in Silurian-Devonian carbonate aquifers: Evolução geoquímica das águas subterrâneas na região dos Grandes Lagos desde o Pleistoceno Superior. Geochemica Cosmochimica Ata, 70, 2454-2479.

Meinzer, O E (1923): Outline of Ground Water Hydrology, com definições. Water Supply Paper, USGS, 494, pp.71.

Melton, M A (1958): Lista de Parâmetros de Amostra de Propriedades Quantitativas de Landforms Seu Uso na determinação do tamanho de Experimentos Geomórficos. Departamento de Geologia, Universidade de Columbia, Relatório Técnico 16.

Menotti, M e Neotenies' (1986): Sensoriamento remoto na gestão da água. Netherlands J. of Agricultural Science, V. 34, pp.217-228.

Menon, G S (1988): Hydrological studies in the Vamanapuram, Adhikari and Kallada river basins. Central Ground Water Board, Thiruvananthapuram, Unpub.

Meybeck, M. (1987). Global chemical weathering of surficial rocks estimated from river dissolved leads. American Journal of Science, 287: 401-428.

Miller, V C (1953): A Quantitative geomorphologic study of Drainage basin characteristics in the Clinch Mountain Area, Virginia and Tennessee. Departamento de Geologia - Universidade de Columbia, Relatório Técnico 3.

Nagarajan, M (1987): Hydrometeorological studies in the Kallada Ithikkara and Vamanapuram river basins. Central Ground Water Board, Trivandum, Unpub.

Nair, A S K e Nalinakumar, S (1997): Proc. do Nono Congresso Científico de Kerala, pp.30-30.

Nautiyal, M D (1994): Morphometric analysis of Drainage basin using areal photographs: A case study of Hairclip basin, Dist. Dehradun, Uttar Pradhesh. J. of the Indian Society of Remote Sensing, V.22 (4), pp.251-261.

Navalawala, B.N. (1998). Watershed management for sustainable development. Yojana. Nov., pp.5 - 7.

Nazimuddin, M e Basak, P (1996): Ground water potential in the coastal areas of Thiruvananthapuram District, Seminário organizado pelo distrito Panchayat, Thiruvananthapram, fevereiro.

Pitchamuthu C S (1961): Transformation of peninsular gneiss to charnockite is Mysore South India. J.Geo.

Soc. India, V.2, pp.46-49.

Pitchamuthu, C S (1960): Charnockite in the making. Nature, V. 188, pp.135-136.

Raghunath, H M (1982): Ground Water. Wiley Eastern Limited, Nova Deli, 48 pp.

Rai, V K (1993): Water resources planning and Development. Deep and Deep Publications, Nova Deli, 229 pp.

Rajagopal, R e Tobin, G (1991): Fluoride in Drinking Water: A Survey of Expert Opinions. J. of Environ. Geochem. And Health, V.13, pp.3-13.

Rajaram, Kalpana e Suri, R.K (1994): Science and Technology in India, Spectrum India Publishers, Nova Deli, 416 pp.

Ravindra Kumar GR (1986): Mechanism of Charnockite formation and breakdown in Southern Kerala: Implications for the origin of Southern Indian Granulite terrain. J. Geo. Soc. India, V. 28 (4), pp.277-288.

Ravindrakumar, G R, Rajendran, C P, Prakah, T N (1990): Guia de Excursão: Charnockite-khondalite. Belt and Tertiary-Quaternary sequences of Southern Kerala. GSI, 116 pp.

Ray, R K (1986): Some Agricultural Policy Effects of Encouraging Water Harvesting in India, Agricultural Administration, V.21, pp.235-248.

Reddy, P M, Rao, N.S e Reddy, B R (1996): Factores que afectam a qualidade das águas subterrâneas na área de Vishakhapatnam, Andhra Pradesh, Índia, Jour of Indian Water Resources Soc., V.2 (3), pp.2023.

Richards, L.A. (1954). Diagnosis and improvement of saline and alkali soils, US Laboratory Staff, US Department of Agriculture, Agricultural Handbook 60.

Ritzma, H P, Hassan M e Menon, R P (1998): A new approach to water Management of tropical peat lands: a case study from Malaysia. Irrigação e sistemas de drenagem, V.12, pp. 1232 -1239

Rooda, J C (1995): Whither world water. Boletim dos Recursos Hídricos, V. 31 (1), pp.1-7.

Rove, A K e Sander, DK (1981): New approaches to water utility planning. J da Divisão de Planeamento e Gestão de Recursos Hídricos, ASCE.

Sajikumar, S (2001): Micro level land and water resource studies for sustainable land use development: A case of Vamanapuram river basin, Kerala. Universidade de Kerala, Pt, Unpub.

Sankar, K (2002): Avaliação das zonas potenciais de água subterrânea utilizando dados de deteção remota na bacia do Alto Vaigai, Tamil Nadu, Índia. Photonirvachak, J. of Indian Society of Remote sensing, V. 30, No.3, pp.120-129.

Saunders, C e Barry, A (1967): Procedure for determining use feasibility of planned Conjunctive use of Surface and Ground water. Utah Water Research Laboratory, Utah, Report-42-1T, pp. 1-12.

Savic, D A e Walters, G A (1997): Evolving sustainable water networks. Hydrological Sciences - J. - des Sciences Hydrologiques, V. 42 (4), pp. 549-563.

Sawyer, C N e McCarty, P L (1967): Chemistry for sanitary engineers. McGraw Hill, Nova Iorque, 518pp.

Saxena, K K e Srivastava, A (1989): Combating Water Conservation Problem in Irrigated Agriculture, J. of Indian Water Resources Society, V. 18 (4), pp. 83-65.

Schumm, S A (1956): Evolução dos sistemas de drenagem e declives em badlands em Perth Amboy, New Jersey. Bull. Geol. Soc. Am., V. 67, pp.597-646.

Singh, S e Singh, M B (1997): Análise morfométrica da bacia do rio Kanhar. National Geor. Jorn. India, V. 43(1), pp.31-43.

Soltan, M.E. (1998). Caracterização, classificação e avaliação de algumas amostras de água subterrânea no Alto Egipto. Chemos. 37: 735-747

Soltan, M.E. (1999). Avaliação da qualidade da água subterrânea no Oásis de Dakhla (deserto ocidental do Egipto), Monitorização e Avaliação Ambiental. 57: 157-168.

Srinivasan, P R e Subramanian, V (1999): Ground water targeting through morphometric analysis in Mamundiyar River Basin, Tamil Nadu. The Deccan Geographer, V. 37 (1), pp.22-31.

Srivastava, R (1978): Estudo morfométrico das ligações abertas e fechadas da Bacia de Belan, Uttar Pradesh. Proc. symp. On Morphology and Evolution of Landforms, Dept. of Geology, University of Delhi.

Strahler, A N (1957): Análise quantitativa da Geomorfologia de Bacias Hidrográficas. Am. Geo. Phy. Union Trans. V.38 (6), pp.913-920.

Strahler, A N (1964): Quantitative geomorphology of drainage basins and channel networks. Secção 4-II, Handbook of Applied Hydrology, V T Chow (ed.), Mc Graw-Hill, Nova Iorque, 430-476 pp.

Thornbury, W D (1954): Principles of Geomorphology. John Wiley and sons, Inc, Nova Iorque, 618 pp. Todd, D K (1980): Groundwater Hydrology. John Wiley, Nova Iorque, 535 pp.

Tolman, C F (1937): Ground Water. Mc Graw Hill Inc, Nova Iorque e Londres, 593 pp.

Upendran, N (1999): Water Resources of Kerala: potential and utilization (Recursos hídricos de Kerala: potencial e utilização). Proce. Of Seminar on river basin management and environment, CWRDM, Kozhikode, pp. 27-29.

Walton, W C (1970): Groundwater Resource Evaluation. Mc Graw Hill Inc, Nova Iorque, 664 pp.

Wilcox L V., (1955), Classification and use of irrigation waters. USDA Circular No.969, p 19. 20.

Organização Mundial de Saúde (1971): Normas internacionais para a água potável.

More
Books!

info@omniscriptum.com
www.omniscriptum.com
OMNIScriptum

Printed by Books on Demand GmbH, Norderstedt / Germany